中华农耕文化精粹　水利卷

百川为利

唐志强 ◎ 主编

朱天纵 ◎ 著

科学普及出版社
·北京·

图书在版编目（CIP）数据

中华农耕文化精粹. 水利卷：百川为利 / 唐志强主编；朱天纵著. -- 北京：科学普及出版社，2024.7.
ISBN 978-7-110-10773-7

Ⅰ.F329
中国国家版本馆 CIP 数据核字第 20248NY169 号

| 总 策 划 | 周少敏 |
|---|---|
| 策划编辑 | 李惠兴　郭秋霞 |
| 责任编辑 | 郭秋霞　李惠兴 |
| 封面设计 | 中文天地 |
| 正文设计 | 中文天地 |
| 责任校对 | 焦　宁 |
| 责任印制 | 马宇晨 |

| 出　　版 | 科学普及出版社 |
|---|---|
| 发　　行 | 中国科学技术出版社有限公司 |
| 地　　址 | 北京市海淀区中关村南大街 16 号 |
| 邮　　编 | 100081 |
| 发行电话 | 010-62173865 |
| 传　　真 | 010-62173081 |
| 网　　址 | http://www.cspbooks.com.cn |

| 开　　本 | 710mm×1000mm　1/16 |
|---|---|
| 字　　数 | 226 千字 |
| 印　　张 | 17 |
| 版　　次 | 2024 年 7 月第 1 版 |
| 印　　次 | 2024 年 7 月第 1 次印刷 |
| 印　　刷 | 北京顶佳世纪印刷有限公司 |
| 书　　号 | ISBN 978-7-110-10773-7 / F·276 |
| 定　　价 | 108.00 元 |

（凡购买本社图书，如有缺页、倒页、脱页者，本社销售中心负责调换）

# 丛书编委会

主　编　唐志强

编　委　（以姓氏笔画为序）

　　　　于湛瑶　　石　淼　　付　娟　　朱天纵　　李　锟

　　　　李建萍　　李琦珂　　吴　蔚　　张　超　　赵雅楠

　　　　徐旺生　　陶妍洁　　董　蔚　　韵晓雁

专家组　（以姓氏笔画为序）

　　　　卢　勇　　杨利国　　吴　昊　　沈志忠　　胡泽学

　　　　倪根金　　徐旺生　　唐志强　　曹幸穗　　曾雄生

　　　　樊志民　　穆祥桐

编辑组

　　　　周少敏　　赵　晖　　李惠兴　　郭秋霞　　关东东

　　　　张晶晶　　汪莉雅　　孙红霞　　崔家岭

# 总序

中国具有百万年的人类史、一万年的文化史、五千多年的文明史。农耕文化是中华文化的根基，中国先民在万年的农业实践中，面对各地不尽相同的农业资源，积累了丰富的农业生产知识、经验和智慧，创造了蔚为壮观的农耕文化，成为中华文化之母，对中华文明的形成、发展和延续具有至关重要的作用，对世界农业发展做出了不可磨灭的贡献。

"中华农耕文化精粹"丛书以弘扬农耕文化为目标，以历史发展进程为叙事的纵向发展主线，以社会文化内涵为横向延展的辅线，提炼并阐释中华农耕文化的智慧精华，从不同角度全面展现中华农耕文化的璀璨辉煌及其对人类文明进步发挥的重要作用。

这套丛书以磅礴的气势展现了中华农耕博大精深的制度文明、物质文明以及技术文明，以深邃的文化诠释中华农耕文明中蕴含的经济、社会、文化、生态、科技等方面的价值，以图文互证、图文互补的形式，阐释历史事实与学者解读之确谬，具有以下四个突出特点。

一是丛书融汇了多学科最新研究成果。尝试打通考古、文物、文化、历史、艺术、民俗、博物等学科领域界限，以多学科的最新研究成果为基础，从历史、社会、经济、文化、生态等多角度，全面系统展现中华农耕文明。

二是丛书汇聚了大量珍贵的农耕图像。包括岩画、壁画、耕织图、古籍插画以及其他各种载体中反映生产、生活和文化的农耕图像，如此集中、大规模地展示农耕文化图像，在国内外均不多见。以图像还原历史真实，以文字解读图像意涵，为读者打开走进中华农耕文化的新视角。

三是丛书解读的视角独具特色。以生动有趣的故事佐证缜密严谨的史实论证，以科学的思想理念解读多样的技术变迁，以丰厚的文化积淀滋润理性的科普论述，诠释中国成为唯一绵延不绝、生生不息的文明古国的内在根基，力求科学性和趣味性的水乳交融与完美呈现。

四是丛书具有很强的"烟火气"和"带入感"。观察、叙述的视角独特而细腻，铺陈、展示的维度立体而丰富，以丰富的资料诠释中华农耕文化中蕴含的智慧，带领读者感受先民与自然和谐相处的生产生活情态及审美意趣，唤起深藏人们心中的民族自豪感、认同感和文化自信。

"文如看山不喜平"。这套丛书个性彰显，把学术性与通俗性相结合、物质文化与精神意趣相结合、文字论述与图像展示相结合，内容丰富多彩，文字生动有趣，而且各卷既自成一体，又力求风格一致、体例统一，深度和广度兼备，陪伴读者在上下五千年的农耕文化中徜徉，领略中华农耕文化的博大精深，撷取一丛丛闪耀着智慧光芒的农耕精华。

丛书编委会
2024年2月

# 序言

水利是农业的命脉，所谓："水利者，农之本也，无水则无田矣。"因此我国是世界上发展农田水利最早的国家之一，先民为发展农业生产，在与洪涝干旱等自然灾害作斗争的过程中，总结出系统的水利科技知识体系，兴建了数以千计的伟大水利工程，不仅让广袤农田旱涝保收，而且为古代赋税和商品的运输流转开辟通道，留下了丰富的治水思想和理论，是我们民族伟大创造力的见证。

"水利"一词最早见于《吕氏春秋·孝行览·慎人》，其中有言"取水利"，泛指渔捕之利。西汉司马迁所著《史记·河渠书》是我国第一部水利通史，其中上言大禹九州治水，下述武帝黄河堵口，囊括了我国两千年治河防洪、开渠通航以及引水灌溉的史实。自此，"水利"一词被正式赋予防洪、灌溉、航运等含义，水利工程技术也在此后两千多年的历史进程中取得了举世瞩目的成就，不仅为农业生产提供了有力保障，还提高了防洪抗灾能力，促进了交通运输的发展和生态环境的改善，为中华民族的繁衍生息和社会进步做出了不可磨灭的贡献。

我国古代水利科学技术的主要内容分为工程技术和基础科学两部分，历史悠久，著作颇丰。历史上与水利相关的著作大致有两种体例，一是按时间顺序编写，二是按技术门类编写，各有侧重。本书体例则是借鉴二者，以时间为主线，共分五个阶段进行论述，即先秦时期，古代各类水利工程的肇兴；秦汉时期，古代水利工程的兴盛；魏晋南北朝至隋唐时期，古代水利科学技术高度发展时期，因在魏晋南北朝时，国家长期处于战乱，水利成就相对较少，故与隋唐合并叙述；宋元时期，古代农田水利技术开始发展；明清时期，则是古代水利建设普及和水利科学技术的大总结。在分阶段叙述的同时，又以我国古代水利史上的重要事件、成就、工程、技术、著作以及人物为主题，以点带面，以类故事的形式串联起古代水利科技的主要内容，使读者在了解中国古代水利史的同时，亦可探究我国古代治水思想与智慧，理解中华民族在面对自然灾害时所表现出的公而忘私、同舟共济的伟大精神。

朱天纵

2024年5月

# 目录

## 第一章 先秦时期

**第一节 大禹治水**
维禹浚川，九州攸宁。
003

**第二节 芍陂**
宣导川谷，九泽收利。
015

**第三节 漳水十二渠**
引漳溉邺，富魏河内。
023

**第四节 运河肇兴**
沟通四渎，南北相济。
027

**第五节 都江堰**
蜀都金堤，天府肇基。
031

**第六节 郑国渠**
溉泽卤地，秦以富强。
037

**第七节 水利科学理论**
水常可制，其利百倍。
043

## 第二章 秦汉时期

**第一节 灵渠**
开岭通渠，南并百越。
059

**第二节 关中水利工程**
汉武兴作，争言水利。
065

**第三节 南阳陂塘水利工程**
召父杜母，惠泽南阳。
072

**第四节 贾让治河**
宽河行洪，三策治河。
080

**第五节 王景治河**
王景治河，千年无患。
084

# 第三章 魏晋至隋唐时期

## 第一节
### 大运河
共禹论功，大业千秋。
091

## 第二节
### 唐代水利家姜师度
姜好沟洫，一心穿地。
122

## 第三节
### 它山堰
拒咸蓄淡，泄洪溉田。
126

## 第四节
### 郦道元与《水经注》
因水证地，即地存古。
131

## 第五节
### 古代水法
水令有违，治以严法。
138

# 第四章 宋元时期

## 第一节
### 太湖流域的塘浦圩田水利
畦畎相望，阡陌如绣。
149

## 第二节
### 熙宁放淤
放淤肥田，且溉且粪。
157

## 第三节
### 贾鲁治河
疏塞并举，沉舟导流。
163

## 第四节
### 《梦溪笔谈》中的水工技术
巧合龙门，三节下埽。
168

## 第五节
### 《河防通议》
后世治河，悉守为法。
175

## 第六节
### 《王祯农书》中的水力机械
水具巧捷，日溉百畦。
184

## 第五章 明清时期

### 第一节 海塘工程
外遏咸潮，内引淡水。
195

### 第二节 北方地区的井灌发展
作井灌田，旱获其利。
206

### 第三节 黄河治理
束水攻沙，蓄清刷黄。
214

### 第四节 《农政全书》中的西方水利技术
农为政本，水为农本。
223

### 第五节 水利著作
水政之要，犁然悉备。
233

中国古代水利史大事记　244

中国的世界灌溉工程遗产　248

参考文献　249

# 第一章 先秦时期

> 九川既疏，九泽既洒，诸夏艾安，功施于三代。
>
> ——汉代司马迁《史记·河渠书》

新石器时期，先民就已能磨制石耒、耜等简单的翻土工具，标志农业进入锄耕时代。于是，先民逐渐由近山丘陵地区，移居到土地平坦肥沃、水源充足的江河两岸平原，进行生活和生产，防止洪水危害也就成为先民存续和发展的重要问题。在河南淮阳的平粮台遗址中曾出土过陶制的排水管道，这是中国迄今发现最早的排水系统，说明中国古代的水利设施建设之始应不晚于龙山文化时期（距今约4300年）。原始社会的劳动力相对匮乏，生产技术也比较落后，治理水患往往需要各民族部落通力合作，以及强有力的集中领导。在治水过程中，大禹逐步拥有至高无上的权力和权威，并以此建立了夏王朝。此后，中国古代的水利事业经过商、周两代的发展，至春秋战国时期，出现规模空前的发展高潮。这一时期，各诸侯国变法图强，奖励耕战，所谓"国之所以兴者，农战也"。发展农业生产是国政之首要，而农业之本则在水利。同时，铁制工具的推广使用，不仅使社会生产力突飞猛进，大规模开凿水利工程也成为可能，水利科学技术迅速发展。

**南宋赵伯驹《禹王治水图》（局部一）**
| 台北故宫博物院·藏 |

> # 第一节 大禹治水
>
> 维禹浚川，九州攸宁。
>
> 左准绳，右规矩，载四时，以开九州，通九道，陂九泽，度九山。
>
> ——西汉司马迁《史记·夏本纪》

上古时期，先民为开辟耕地、驱赶禽兽，施行刀耕火种。大规模的焚烧导致植被破坏，水旱无常。相传帝尧时期（约公元前21世纪），中原地区洪水泛滥，久治不息。于是，诸部落共推鲧主持治水。鲧（上古时代神话传说人物，大禹之父）延用昔日共工氏"壅防百川，堕（huī）高堙（yīn）庳（bì）"的防洪方法，筑堤阻水，然而九年无功，水患益盛，被舜治罪处死。鲧死后，舜任命禹为司空，继任治水工作。

## 决江疏河

大禹改其父"以壅塞而阻水"的治水方法，而以疏导为主，"禹决九川，距四海，浚畎浍，距川"，疏通河道，宣泄洪流。治水十三年，大禹劳身焦思，三过家门而不敢入，终使洪波安澜，水患大治。

大禹治水的活动范围主要在黄河流域，路线为"导河积石（今青海

# 第一章　先秦时期

境内的阿尼玛卿山），至于龙门（今山西河津市西北之禹门口），南至于华阴（华山之北），东至于砥柱（三门峡），又东至于孟津（今河南孟津）。东过洛汭（洛河），至于大伾（今河南大伾山），北过降水（古漳水），至于大陆（河北宁晋泊等湖），又北播为九河，同为逆河（黄河入海口的受潮河段），入于海"。

### 兖州

兖州为"九州之渥地"，其地势低洼，常受水患侵扰。《孟子·滕文公上》记载，大禹在兖州"疏九河……而注于海"，疏通九条主要河流，使洪水宣泄入海。

### 豫州

大禹在豫州主要有以下三项治水工程：

一是辟伊阙。《水经注·伊水》记载："伊水又北入伊阙，昔大禹疏以通水。两山相对，望之若阙，伊水历其间北流，故谓之伊阙矣。"

二是塞荥泽，通淮、泗。《水经注·河水》记载："大禹塞荥泽，开之以通淮、泗。"

三是破砥柱。《水经注·河水》记载："砥柱，山名也。昔禹治洪水，山陵当水者凿之，故破山以通河。河水分流，环山而过。山见水中，若柱然，故曰砥柱也。"

### 冀州

大禹在冀州主要有以下两项治水工程：

一是辟孟门（今山西吉县西）。《水经注·河水》记载："孟门，即龙门之上口也……此石经始禹凿，河中漱广，夹岸崇深。"

二是凿龙门（今山西河津市西北）。《水经注·河水》记载："昔者大禹……疏决梁山，谓斯处也，即《经》所谓龙门矣。"

### 荆州、扬州、徐州

大禹在长江中下游，对淮、泗、沂、沭等河流进行疏导。《孟子·滕文公上》记载："（禹）决汝、汉，排淮、泗，而注之江。"

### 雍州、梁州

《尚书·禹贡》记载，禹"导河积石"，积石是大禹治水的起点。《水经注·漆水》还记载："（禹）导渭水东北至泾，又东过漆、沮，入于河。"可见，大禹对泾、漆、沮等河流也进行过治理。

## 维禹之功

大禹因其治水之功，受帝舜禅让成为部落联盟共主。其间，大禹于涂山会盟夏、夷诸部族首领，后远征三苗，建立了以奴隶制为基础的中国第一个王朝——夏王朝。大禹在治理水患的过程中，也发明了许多水利相关的科学技术。

### 测量技术

一是地形测量。《史记·夏本纪》记载，大禹"左准绳，右规矩"以及"行山表木，定高山大川"。其中准、绳、规、矩是指四件测绘工具，"准"用以测高低，"绳"用以测长度，"规"用以量水平角，"矩"用以测俯仰角。而"行山表木"则是指堆土台作里程碑，在树木上削刻测量标志。原始测量技术的出现推动了数学的发展。三国时期，吴人赵爽（约182—250年）为《周髀》注释时曾言道："禹治洪水决流江河，望山川之形，定高下之势……乃勾股之所由生也。"认为勾股计算起源于大禹治水时期。

二是计时。《拾遗记》记载："（华胥氏后代）乃探玉简授禹，长一尺二寸，以合十二时之数，使量度天地。禹即执持此简，以平定水土。"玉简可能是古代测度日影长短的仪器，用于测定时间与地理经度。

# 第一章 先秦时期

南宋赵伯驹《禹王治水图》（局部二）
| 台北故宫博物院·藏 |

## 第一节　大禹治水

《周髀算经》·明刊本

《周髀算经》约成书于公元前100年,作者不详,原名《周髀》,是中国古代天文学和算学经典著作,在唐代被列为"十部算经"之首。《周髀算经》主要是用数学方法阐释当时的"盖天说"(即认为"天象盖笠,地法覆盘"的宇宙学说)和"四分历法"。在中国古代,几乎所有的天文学家都学习过《周髀算经》。

三是气候观测。《古今注·舆服》记载:"伺风鸟,夏禹所作也。"伺风鸟即鸟状的风向标。治理水患时尤其需要测量风向和占卜晴雨。

《河工器具图说》载有"相风鸟",其功用是"相度风色以占晴雨",与"伺风鸟"的形制和功用相仿。相风鸟一般为木制,质量较轻,鸟身对称,鸟嘴张开,鸟腹为空,鸟尾有旗。鸟首迎风,鸟首指向即为风向,还可通过鸟尾旗帜的摆动幅度确定风速。

**圆觉寺塔顶的鸾凤形相风鸟**

山西省浑源县境内有座圆觉寺塔,该塔始建于金正隆三年(1158),其顶有"鸾凤形相风鸟",是现今仅存且尚在运转的古代气象科学仪器。

**相风鸟·清麟庆《河工器具图说》,清道光十六年(1836)云萌堂刊本**

### 绘图技术

《左传》宣公三年记载:"远方图物,贡金九牧,铸鼎象物,百物而为之备。"大禹划分天下为九州,令各州贡献青铜,铸造九鼎,大禹以图绘方式将九州的名山大川以及奇异之物铭刻于九鼎之上,相传《山海经》上的许多资料就来自大禹铸在九鼎上的图画。

在九鼎中,有九州鼎、九河鼎、九谷鼎、五岳四渎鼎和治水密切相关。

九州鼎:大禹根据各地土质的不同,将天下划分为九州,并根据各地土壤

## 第一章　先秦时期

的肥沃程度，收取不同的赋税。九州分别为冀、豫、徐、兖、青、扬、荆、梁、雍。

九河鼎：大禹疏通黄河下游的九条主要河流。九河分别为徒骇、太史、马颊、覆釜、胡苏、简、洁、句盘、鬲津。

九谷鼎：水患平息后，为恢复农业生产，大禹还教授先民种植九种谷物。九谷分别为：黍、稷、秫、稻、麻、大小豆、大小麦。

五岳四渎鼎：大禹在治水过程中走访各地，记录下各地名山大川、主要河流及其河源。五岳分别为东岳泰山、西岳华山、中岳嵩山、北岳恒山、南岳衡山。四渎分别为济水、黄河、淮河、长江。

其余五鼎为：乾象鼎、洛书鼎、异物灵汇鼎、夭乔汇祥鼎、飞走肇瑞鼎。

**运输工具**

大禹为治水发明了四种运输工具，《尚书·益稷》上称为"四载"，即"谓水乘舟，陆乘车，泥乘輴（chūn），山乘樏（léi）"。1972年，山东临沂银雀山出土的《孙膑兵法》竹简中还有"禹作舟车，以变象之"的记载，意思是舟车虽不是大禹所发明，但大禹对其进行了重要改进，能应用于不同的自然条件。

# 尽力沟洫

大禹平治水土，而后始播百谷。于是，"中国可得而食也""人得平土而居之"。治水期间，大禹"令益予众庶稻，可种卑湿"，发放稻种，以授稼穑。治理水患后，大禹开始着眼于农业生产的恢复，孔子（公元前551—前479年）就赞美大禹"卑宫室而尽力乎沟洫"。所谓"沟洫"，是指农田灌排沟渠系统。但以此认定大禹是原始灌溉工程的发明者是不准确的。早在距今约6000年前，新石器时期的仰韶文化遗址中就发现

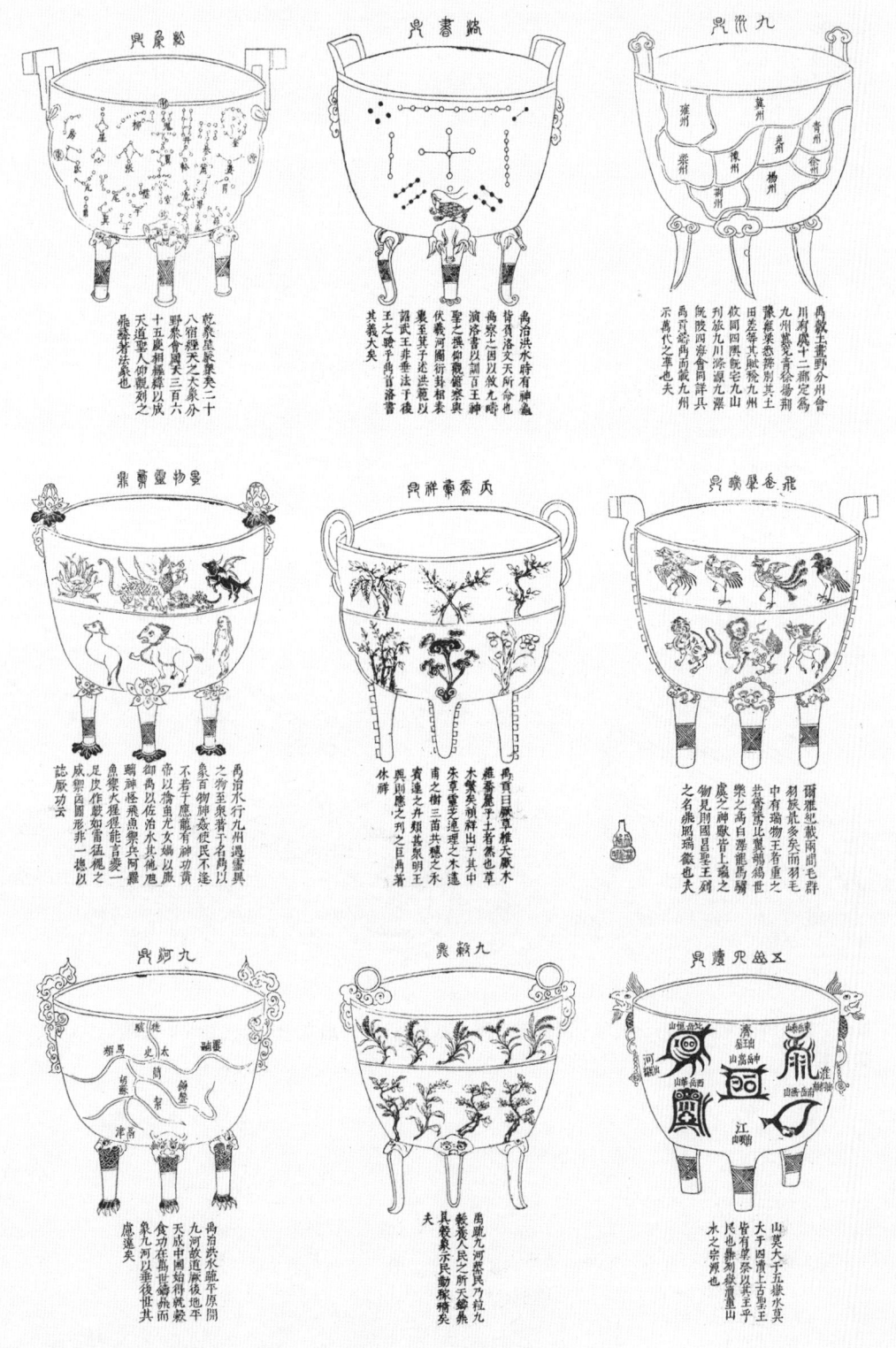

《大禹九鼎图》·明王希旦《大禹九鼎图述》，明崇祯时期刊本

# 第一章　先秦时期

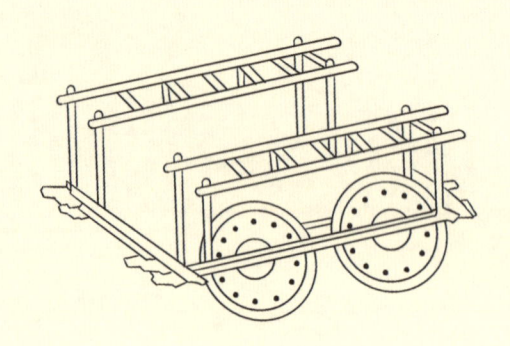

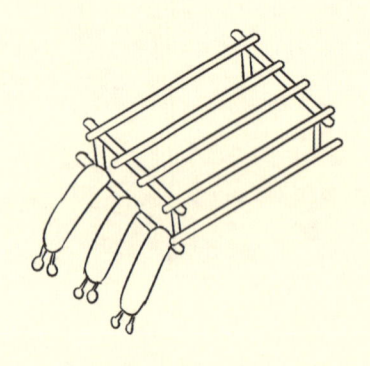

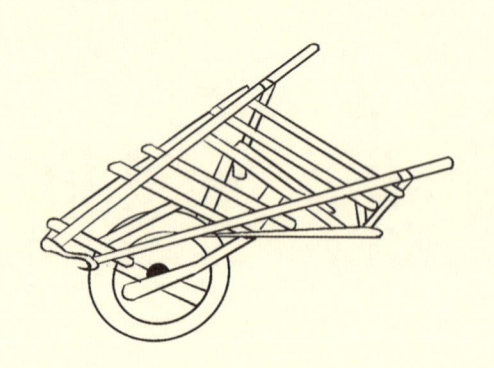

浚帮、四轮车、𰽻（tuó）、土车·清麟庆《河工器具图说》，道光十六年（1836）云萌堂刊本

|王宪明·绘|

　　大禹所发明之"四载"，其形制细节，已不可考，从后世治河之器具可窥见一斑。
　　浚帮：浚船，用于疏浚河口。
　　四轮车：一种陆地运输工具。
　　𰽻：形状结构类似雪橇，无轮，车前系轭，驾牛三头，整个车身只以二根长木贴地，驾牛平拉，无前轩后轻之患，适用于泥淖之地的运输。
　　土车：独轮车，多用于崎岖山路的运输。

了形制完整、具有一定规模的人工沟洫，沟洫围绕居住村落修建，用于防涝排水或是防卫，这是迄今发现最早的沟洫遗迹。商周之际，沟洫开始用于农田水利灌溉，且是在水源充足、地势适宜的地方。《庄子·天地》中就记载："子贡南游于楚，反于晋，过汉阴，见一丈人方将为圃畦，凿隧而入井，抱瓮而出灌。"可见，春秋时期的中原地区还普遍利用水井抱瓮的提灌方式。

原始社会末期，随着私有制的出现，产生了以个体家庭为生产单位的村社组织，并于此推行所谓"九夫为井"的井田制。井田中的"公

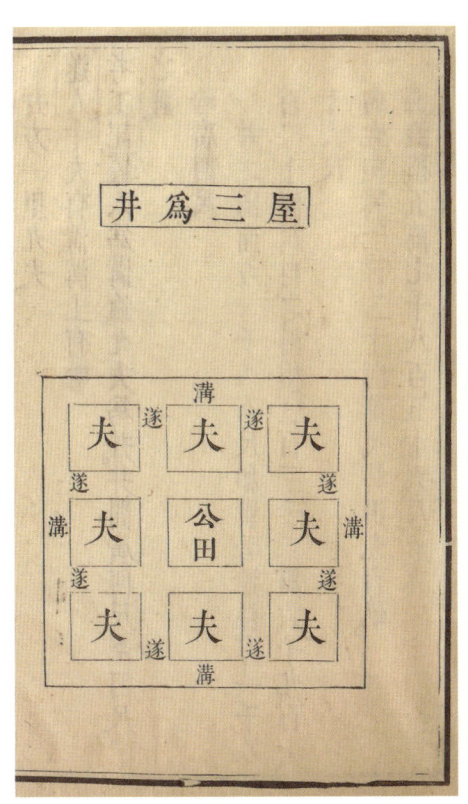

田制图·《钦定授时通考》，乾隆七年（1742）内府刻本

浚渠·《钦定授时通考》，乾隆七年（1742）内府刻本

# 第一章 先秦时期

田"由村社成员集体耕作，收获用于祭祀、救济等公共活动，"私田"则按土地质量差别平均分配给各家庭，各自耕作，维持各家生活。井田的规划有"方一里[①]""方十里"以及"方百里"等不同规模，沟洫在其中起到划分田块、灌溉排水的作用。沟洫逐级由窄而宽，由浅而深，依次称为畎、遂、沟、洫、浍，与之相应的道路系统则分别称为径、畛、涂、道、路。从《考工记·匠人》中可知，当时先民已经懂得依据地势修筑沟渠；改变水流方向，可以增加流速，导泄停水；利用跌水连接渠道，集中落差，可防止渠道受损。这时，运用沟渠来调节水利的方法已相当进步，不但注意水的流通、蓄藏，还注意及时控制水量。

沟洫能施灌排水，有效减轻水土流失，其外纵横高起的疆界，也有蓄水保墒的作用。井田制与沟洫制两者相互配合，直至春秋战国之际，依旧在发挥作用。此后，随着铁制农具和牛耕的推广，社会生产力得到巨大发展，新兴地主和富裕农民打乱原有的井田经界，垦占土地为己有，土地日益私有化，井田制逐渐瓦解，与之相伴而生的沟洫制也就随之衰落。但这一时期逐渐积累起来的小规模沟洫建设经验，为后世大规模水利工程的修建，奠定了一定的技术基础。

---

① 先秦时期的 1 里约合今 415.80 米。

## 第二节 芍陂

> 宣导川谷,九泽收利。
>
> 宣导川谷,波障源泉,溉灌坡泽,堤防湖浦,以为池沼。钟天地之美,收百川为利,以殷润国家,家富人喜,优游乐业。
>
> ——东汉《楚相孙叔敖碑》

春秋时期(公元前770—前476年),诸侯争霸,彼此攻伐,各诸侯国争相兴修水利工程以带动农业生产,为战争提供物质基础。荆楚之地,多山地丘陵,河道纵横,虽地处南方,气候温润,适宜农作物生长,但长期苦于水患,旱涝灾害频发。春秋中期,楚庄王(公元前613—前591年在位)即位,其间举贤任能,曾拜孙叔敖(约公元前630—前593年)为楚国令尹,主持国政。

### 芍陂工程

孙叔敖治楚期间,领导楚国人兴建多处水利工程,以芍陂为代表。芍陂是中国历史上记载最早的陂塘型灌溉工程。陂塘多建于丘陵地区,利用陵丘起伏的地形,在蓄水区周围筑堤,形成有一定蓄水量的人工湖,引水灌溉。陂塘主要由蓄水池、挡水坝、水门(闸门)以及稻田组成。蓄水池蓄水以保证稻田干旱时节的灌溉用水,同时也可兼养水生动植物,一举多利。

# 第一章　先秦时期

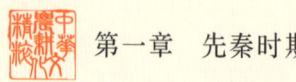

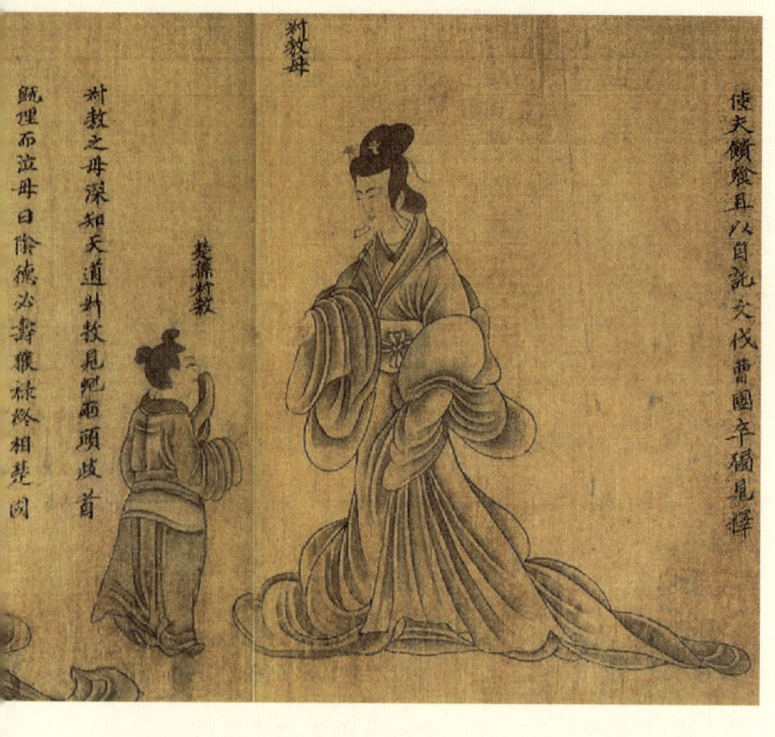

**东晋顾恺之《列女仁智图》（局部，楚孙叔敖和叔敖母）**

|故宫博物院·藏|

孙叔敖，芈（mǐ）姓，蔿（wěi）氏，名敖，字叔敖，楚国期思（今河南淮滨）人，春秋时期的政治家、军事家、治水专家，史载"叔敖治楚三年而楚国霸"，辅佐楚庄王败晋立霸，周室问鼎，"并国二十六，开地三千里"。

芍陂位于淮河中游南岸（今安徽省寿县境内），因其境内有白芍亭，陂水围绕白芍亭积而为湖，故名"芍陂"。开皇三年（583），丰县移至芍陂西北，取"安丰"之吉祥寓意，芍陂又改名为"安丰塘"。芍陂初建于楚庄王十六年至二十三年（公元前598—前591年）间。关于芍陂有两点需要释疑：其一，因《淮南子·人间训》记载："孙叔敖决期思之水，而灌雩娄之野。"故有观点认为"期思陂"为芍陂之别称，譬如《通典》记载："安丰二郡，有芍陂，楚孙叔敖所起。崔寔《月令》曰，叔敖作期思陂即此。"《太平御览》也记载："《舆地志》、崔寔《月令》云，孙叔敖作期思陂，即此（芍陂）是也。"而现代根据对当地地形及历史遗迹的研究，基本认为芍陂与期思陂是不同的水利工程。其二，李贤（655—684）为《后汉书·郡国志》补注时，引用《皇览》中"楚大夫……子思造芍陂"的记载，即另有"子思造芍陂"一说，此说应为误

水闸、陂塘和水塘·元《王祯农书》，嘉靖九年（1530）山东布政使司刻本

传，子思生平无从考证，一说为楚顷襄王（公元前298—前263年在位）时人，可能是对当时已经失修的芍陂进行过整修，因而有此记载。

芍陂的早期工程情况记载不详。《水经注》对刘宋时期（420—479）的芍陂实况有比较完整的记载，其水工规模和设施主要有如下特点：①水源丰盛。芍陂水源主要来自其西之沘（bǐ）水（今淠河）以及其东之肥水（今东肥河），二流夹注，"积而为湖"。②规模巨大。《水经注·肥水》记载："陂周百二十许里。"其灌溉效益，据《宋书·宗室刘道怜传附刘义欣传》记载，昔日"芍陂良田万余顷"，唐代扩大为"陂径百里"。③设置水门。《水经注·肥水》记载："（芍陂）陂水上承淠水……又东北迳白芍亭，东积而为湖，谓之芍陂……陂有五门，吐纳川流。西北为香门陂，陂水北迳孙叔敖祠下，谓之芍陂渎，又北分为二水。"芍陂通过五座水门控制水量，水门布局则是利

# 第一章　先秦时期

用芍陂南面最高，东面次之，西面、北面低，东北角最低的地形，将地势最高的西南门设为进水口，其余地势稍低的四门均供放水之用，便于排灌，"水涨则开门以疏之，水消则闭门以蓄之"，既使得干旱时有水灌田，又能避免洪涝成灾。

## 历代兴废

自孙叔敖兴建芍陂，历代屡有兴废。西汉司马迁（公元前145年或前135年—？）在《史记·河渠书》中叙述著名的水利工程时，未曾提及芍陂，可能是因为西汉时芍陂久不修治而芜废。东汉建初八年（公元83年），庐江太守王景（公元30—85年）曾对芍陂进行修治，灌田万顷，境内丰给。据《汉书·地理志》记载："九江郡……武帝元狩元年，复故……有陂官、湖官。"说明西汉时期，国家已经专设官员管理芍陂。建安元年（196），曹操（155—220）颁布《置屯田令》推行于地方，《置屯田令》曰："夫定国之术，在于疆兵足食。秦人以急农兼天下，孝武以屯田定西域，此先代之良式也。"屯田制度初创于秦汉时期，多限于边境地区。曹魏时期，屯田制度在中原地区普遍推行。屯田分民屯和军屯。民屯是由政府招募流民，将其按军事编制组织起来垦荒种地。屯田农民直属国家，可以不服徭役，需将耕作收成半数甚至以上上交政府。军屯则是让驻军一面戍守，一面种地。

扬州刺史刘馥（？—208）在淮南地区"广屯田，兴治芍陂及茹陂、七门、吴塘诸堨以溉稻田，官民有蓄"。正始四年（243），为扩大与孙吴作战的供需，司马懿（179—251）遣邓艾（约197—264）于寿春（今安徽寿县）"广田蓄谷"。自此，寿春成为当时淮南淮北的重要产粮中心。邓艾在芍陂旁增建五十余所小陂，并在"芍陂北堤凿大香门水门，开渠引水，直达城濠，以增灌溉，通漕运"。邓艾修治芍陂后，芍陂的灌溉面

积逐渐扩大,据《晋书·食货志》记载:

> 自钟离而南横石以西,尽沘水四百余里,五里置一营,营六十人,且佃且守。兼修广淮阳、百尺二渠,上引河流,下通淮颍,大治诸陂于颍南、颍北,穿渠三百馀里,溉田二万顷,淮南、淮北皆相连接。自寿春到京师,农官兵田,鸡犬之声,阡陌相属。每东南有事,大军出征,泛舟而下,达于江淮,资食有储,而无水害。

置屯田令·西晋陈寿,南朝宋裴松之注《三国志》,南宋时期建阳刊本

## 第一章　先秦时期

　　太康年间（280—289），刘颂（？—300）为淮南相，"旧修芍陂，年用数万人，豪彊兼并，孤贫失业，颂使大小勠力，计功受分，百姓歌其平惠"。后逢永嘉南渡，晋室东迁，芍陂受南北割据连年战争的影响，无人治理，灌溉效益锐减。元嘉七年（430），长沙王刘义欣（404—439）任豫州刺史，镇守寿阳。是时，芍陂塘堤损坏已久，秋夏季节常遇水旱灾害，引渒水入陂的旧沟也被杂树乱草堵塞，水源枯竭，于是"义欣遣咨议参军殷肃循行修理。有旧沟引渒水入陂，不治积久，树木榛塞。肃伐木开榛，水得通注，旱患由是得除"。刘义欣不仅对水源加以疏通，还对霸占陂田的豪吏予以打击，芍陂得以恢复，其灌溉作用大大促进淮南地区的农业生产。

　　南朝齐至梁、陈期间（479—589），征伐不息，门阀士族横行，人民流离失所，芍陂更是连年失修。豪门贵族乘机侵占塘内滩地，建房垦田，占垦之弊自此而始。隋开皇十年（590），寿州（今安徽寿县）总管长史赵轨，修治芍陂，将原来的6座水门改建为36座，灌溉面积也恢复到五千余顷。唐末至五代，战祸连年，社会动荡，豪右分占，盗掘成风，芍陂大废。宋仁宗年间（1022—1063），安丰知县张旨（984—1061）劝募富民捐粮济贫，征集贫民疏浚引水渠道，筑堤防御洪水，整修放水口门和灌溉渠道，芍陂一度得到复兴。宋朝末年金人南侵，战火又起。引渒水入塘的渠道逐渐淤塞，山源河水量小且不平衡，随水入塘的泥沙日益增多，造成塘内严重淤积，极大削弱芍陂的灌溉作用。

　　元代曾于芍陂设"屯田万户府"，使得芍陂灌溉能力有所恢复。明代嘉靖年间（1521—1567），赵轨所开的36座水门保存完好，灌溉渠道累计总长为七百八十三里，其中最长者达六十余里。但是由于芍陂上游水土流失，黄河夺淮又使芍陂泄水沟道被淤，芍陂逐渐淤塞，加之豪强奸民在上游拦坝筑水，使得侵塘垦田之风愈演愈烈，隆庆年间（1567—1572）芍陂已被侵占过半，万历年间（1573—1620）芍陂塘面只剩下十分之三，其余皆被垦占为田。万历十年（1582），寿州知州黄克缵（1550—1634）驱逐占垦户四十余户，将所开百余顷田地恢复为水区，并且立东、西界石志之。此举虽然没能恢复"孙公之全塘"，但是却止住占塘之风，使百里之塘，得留半壁。

康熙三十年（1691），寿州司马颜伯珣（1637—1710）修治芍陂，历时7年，将36座水门改为28座，灌溉面积曾达到五千余顷。雍正九年（1731），寿县知州饶荷禧又创建众兴滚水坝，修建凤凰、皂口两闸。光绪年间（1875—1908），淠源河湮塞，涧水成为芍陂的主要水源，芍陂被占垦现象更加严重，陂周只存五十余里，灌溉面积只剩一千多顷。

安丰塘图·《寿州志》，光绪16年（1890）活字本

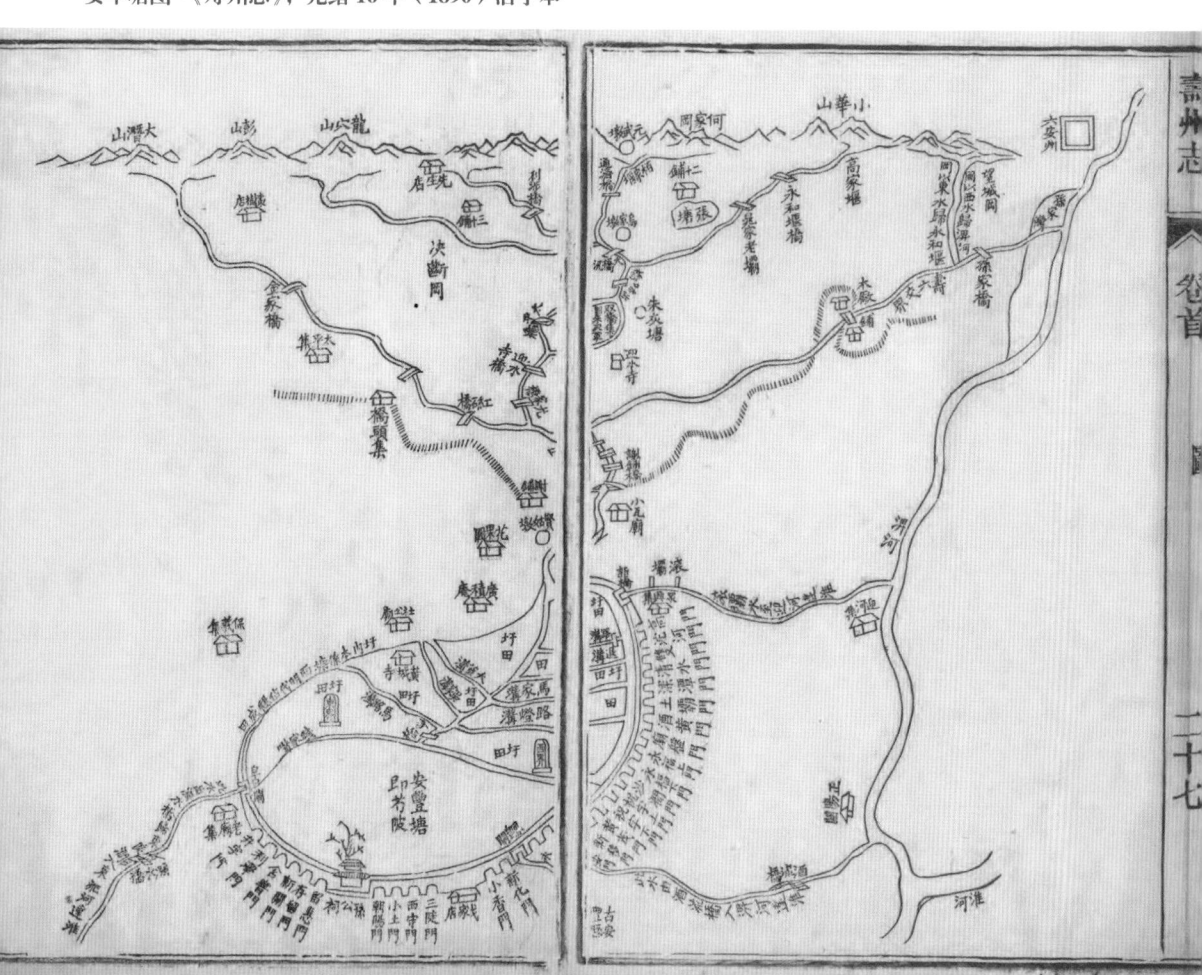

## 第一章　先秦时期

至清代末年，人稠地满，塘内淤积之地，皆垦为田，塘内洼地变成畜牧之所，芍陂由此堙废。

芍陂所在之楚地，昔日为"云梦"泽国，自然条件与太湖地区相似。楚国水利工事的创辟和发展早于吴、越。后来，陂塘这种水工技术传到吴地，发展为太湖流域的圩田。同时，芍陂所设置的闸门，实现了蓄水和供水的定量控制，是现代水库枢纽的雏形。

## 第三节 漳水十二渠

> 引漳溉邺，富魏河内。
> 
> ——西汉司马迁《史记·河渠书》
> 
> 西门豹引漳水溉邺，以富魏之河内。

　　春秋末期，赵襄子（？—公元前425年）、韩康子（生卒年不详）、魏桓子（？—公元前446年）三分晋国，揭开七雄兼并的战国序幕。魏桓子死后，其孙魏斯（公元前425—前396年在位）即位，是为魏文侯。当时魏国主要占有河东（今山西黄河以东的西南部）、河内（今河南黄河以北、太行山东南地区）和河南（今河南黄河以南地区）的一部分地区，虽地处"天下之中"，为四战之地，但人口众多，土地肥沃。战国初期，魏文侯任用李悝（公元前455—前395年）展开一系列改革，首开列国变法之风。在经济上，李悝实行"尽地力之教"的政策，鼓励发展农业生产。

## 西门治邺

　　"引漳水溉邺，以富魏之河内"是司马迁（公元前145年或前135年—？）对西门豹（生卒年不详）主持兴建漳水十二渠的高度评价。魏

## 第一章　先秦时期

文侯二十五年（公元前422年），西门豹任邺（今河北临漳县）令。西门豹生平，以破除"河伯娶妇"迷信的故事最为著名。该故事是西汉经学家褚少孙（生卒年不详）为《史记·滑稽列传》所续补。清代学者梁玉绳（1745—1819）认为："若夫西门豹，古之循吏也，而列于滑稽，尤为不伦。然叙次特妙，非它所续之芜弱。"再者，西门豹治巫除害，诙谐有度不失大体，将其迹列入"滑稽列传"，是符合司马迁"谈言微中，亦可以解纷"的立意。

西门豹治邺期间，打击地方豪强势力，破除迷信，禁止巫风，还开凿漳水十二渠，发展农田水利。漳水十二渠，亦称西门渠，因纪念其初建者西门豹而得名。关于漳水十二渠的初建者，《吕氏春秋》以及班固所著《汉书》有不同记载，二者都认为其人为魏襄王（公元前318—前296年在位）时期的邺令史起（生卒年不详）。《吕氏春秋·先识览·乐成》中载有一则歌谣称："邺有圣令，时为史公，决漳水，灌邺旁，终古斥卤，生之稻粱。"《汉书·沟洫志》也引用这则歌谣，还详细记载史起对魏襄王的进言："漳水在其旁，西门豹不知用，是不智也。"于是才有魏襄王"以史起为邺令，遂引漳水溉邺，以富魏之河内"。西晋左思（250—305）调和折中，使两说并存，认为"西门溉其前，史起灌其后"，于是生出第三说，即西门豹、史起相继治邺，后世《水经注》《元和郡县图志》乃至现代学者多采用此说。

## 引漳溉邺

邺地位于太行山东部的冲积平原上，漳水自西向东流过，雨季时河水宣泄不畅，时常泛滥成灾。于是西门豹领导百姓，"凿十二渠，引河水灌溉民田"。漳水十二渠的渠首工程位于邺西的漳水出山口，此处河道稳定，河床坡降稍陡，容易获得落差，利于引水。在引水方式上，漳水

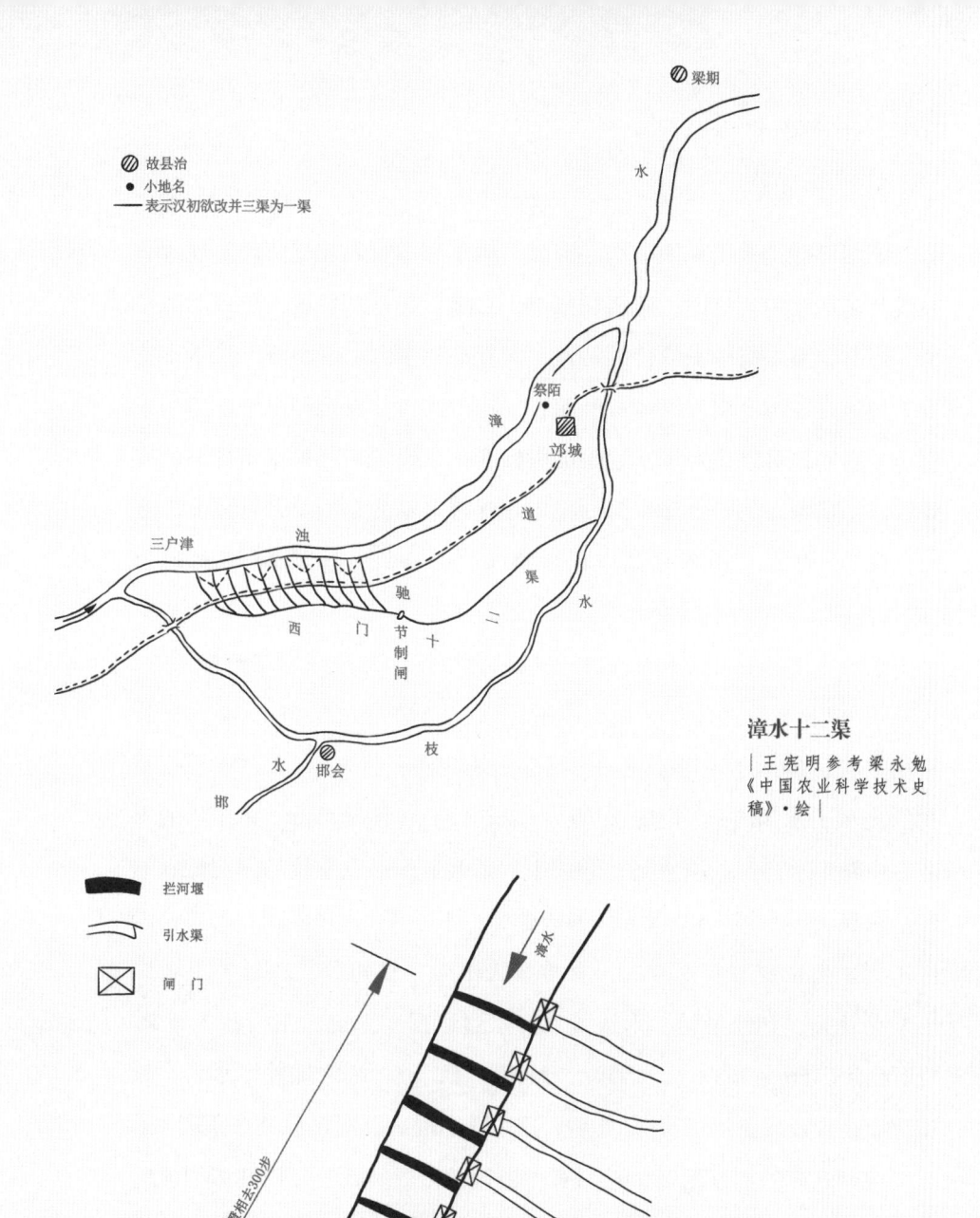

**漳水十二渠**

| 王宪明参考梁永勉《中国农业科学技术史稿》·绘 |

**漳水十二渠取水枢纽示意图**

| 王宪明参考郭涛《中国古代水利科学技术史》·绘 |

## 第一章　先秦时期

十二渠很可能是采用无坝引水。因为，漳水是当时魏、赵两国的地理分界线，漳水北岸为赵国，若筑坝雍水，必然引起赵国警惕，恐致两国交恶。同时，漳水有暴涨暴落的特点，为保证稳定的引水灌溉，漳水十二渠工程应是在漳水南岸顺河势修筑十二道引水口，再延伸出十二道引水渠。多引水口可以应对漳水水位的大幅变化，确保不同来水条件下的有效取水。最重要的是，漳水含沙量大，含有丰富的有机质，可以灌溉肥田，改良土壤，提高农作物产量。漳水十二渠变水害为水利，邺地也"成为膏腴，亩收一钟（1 钟约合今 250 斤）"。

东汉末年，曹操（155—220）以邺为根据地，按原形制整修渠堰，改称天井堰。《水经注释·浊漳水》记载："天井堰二十里中作十二墱，墱相去三百步，令互相灌注，一源分为十二流，皆悬水门。"曹操改最初的无坝引水为有坝引水，设置十二道"墱"（溢流堰），并在各堰上游右岸开引水口，设引水闸，共成十二条渠道，形成系统的闸门配水枢纽。东魏天平二年（535）天井堰改建为"天平渠"，并成单一渠首，灌区扩大。唐咸亨三年（672），又重修天平渠，扩建分支，延伸出金凤渠、菊花渠、利物渠等，形成灌区。不过，据《宋史·王沿传》记载："唐至德（756—758）后，渠废，而相、魏、磁、洺之地并漳水者，累遭决溢，今皆斥卤不可耕。"此后，这个著名的大型灌区就基本荒废了。

中国北方的部分地区，长期有土地盐碱化的问题。然而北方河流的含沙量普遍较高，且泥沙颗粒细密，有机质多。于是，先民在长期的农业实践中创造了引浑水淤灌改造盐碱地的灌溉方式，西门豹引漳水灌溉工程正是中国古代淤灌技术的早期实践。

## 第四节 运河肇兴

> 沟通四渎，南北相济。
>
> 荥阳下引河东南为鸿沟，以通宋、郑、陈、蔡、曹、卫，与济、汝、淮、泗会；于楚，西方则通渠汉水、云梦之野，东方则通（鸿）沟江淮之间；于吴，则通渠三江五湖；于齐，则通菑济之间。
>
> ——西汉司马迁《史记·河渠书》

修建运河的记载始于春秋战国时期，当时各诸侯国或为争霸战争，或为发展经济，在各水系之间开凿运河，在此基础上形成最初沟通"四渎"（长江、黄河、淮河及黄河支流济水）的区域性运河系统。以邗沟、菏水及鸿沟等水系为主体的区域性运河网络，将函谷关以东地区紧密联系在一起，奠定了全国运河网络形成的基础。

## 邗沟运河

邗沟是中国历史上首次沟通长江与淮河的人工运河。鲁哀公九年（公元前486年），吴王夫差（公元前495—前473年在位）在江北邗国故地修筑邗城（今扬州西北），并于邗城之下开凿运河，名为"邗沟"。《水经注·淮水》记载，邗沟"自广陵北出武广湖东、陆阳湖西，二湖东西相直五里，水出其间，下至樊梁湖，旧道东北出，至博芝、射阳二湖，西北出夹邪，乃至山阳矣。"广陵即今之江都，武广湖、陆阳湖、

**邗沟、荷水和鸿沟位置图**

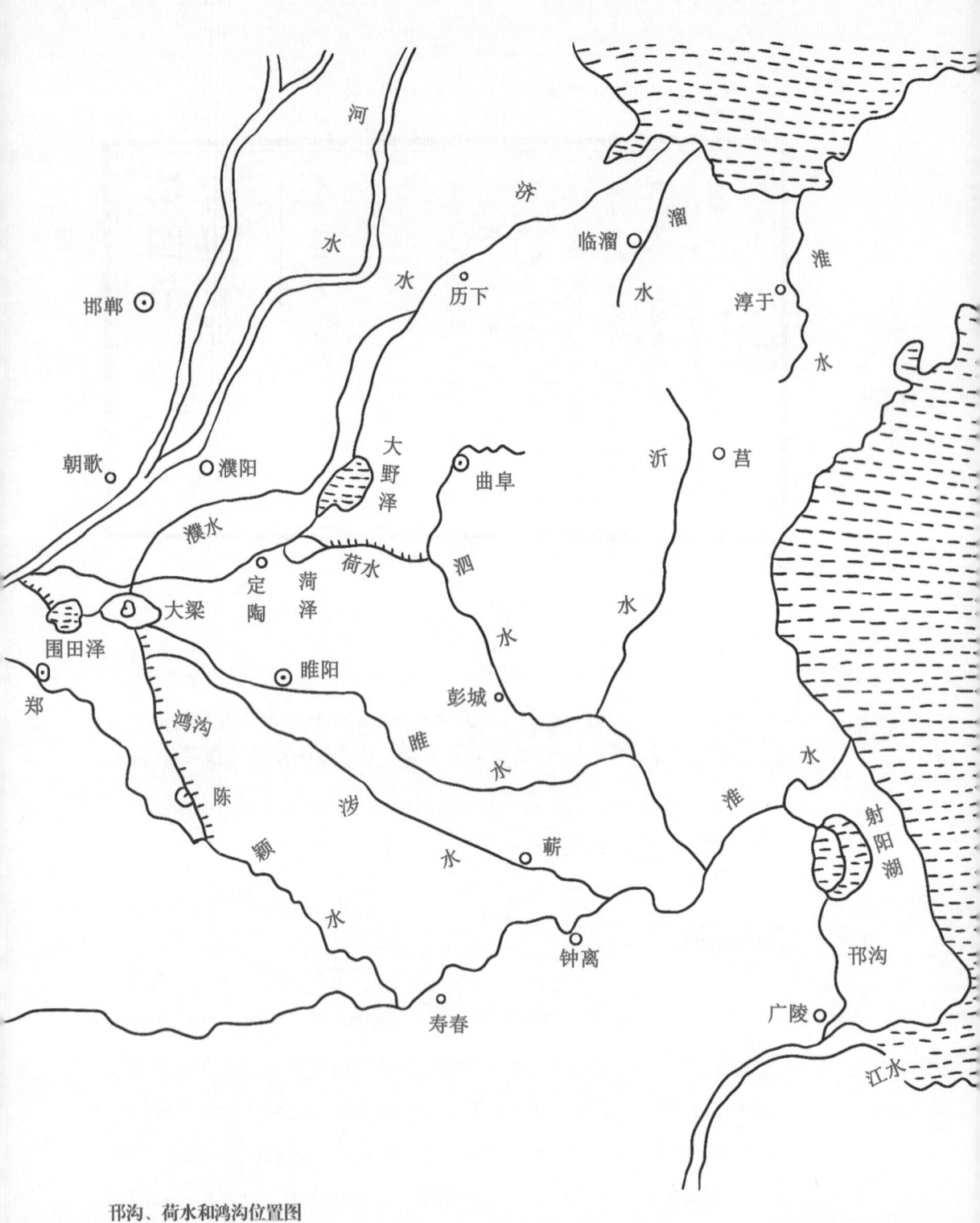

| 王宪明参考杨宽《战国史》·绘 |

樊梁湖皆在今高邮，博芝在今宝应，射阳在今宝应和淮安县东。邗沟分段局部开挖，将吴境内各湖泊加以沟通，既保证水源充足，又大幅降低工程量。开凿工程历时两年，于公元前484年顺利完成，史称"邗沟东道"。吴军由此北上，大败齐国。

邗沟的开凿，沟通了长江、淮河，并可经淮河到达泗水，由泗水北上至菏水，达到济水，进入黄河，连接长江、淮河、济水、黄河四大水系，奠定了后世京杭运河的基本走向。

## 菏水运河

吴王夫差十四年（公元前482年），夫差北上中原，借与鲁哀公（公元前494—前468年在位）、晋定公（公元前511—前475年在位）黄池（今河南封丘西南）会盟之际开凿菏水，"阙为深沟，通于商鲁之间"，利用大野泽（古济水所汇，今山东菏泽市巨野县北）水源，开渠将泗水支流沂水和黄河支流济水连通。菏水开凿后，吴国的水师可由淮入泗，由泗入菏，由菏入济，由济入河，到达黄河中游任何一地。吴国开凿邗沟和菏水，固然是为争霸，但客观上也便利了交通和农业灌溉。

## 鸿沟运河

战国中期，魏惠王（公元前370—前319年在位）为争霸中原，于魏惠王九年（公元前362年）迁都大梁（今河南开封），并于次年（公元前361年）、三十一年（公元前339年）两次动工开凿鸿沟，引圃田（魏国境内大湖，今河南中牟西）之水，沟通黄、淮。于是在黄淮平原上，形成以鸿沟为主干，济、汝、淮、泗等自然河流为分支的完整水道交通网，既便利中原地区的交通，又利于发展农业生产和商业交换，成

# 第一章 先秦时期

为战国时期中原腹地最有影响的运河。

鸿沟在汉代又称"浪汤渠"。隋唐改造后称汴渠,航道变化频繁。由于圃田及四围平原湖泊的沉沙作用,邗沟航道日渐淤塞,需要频繁疏浚。北宋以后,汴梁(今河南开封)的中心城市地位不再,于是鸿沟便很快被废弃。

邗沟、菏水及鸿沟水系的沟通,使得黄河流域自战国至唐末的千余年时间一直都是中国北方最发达的经济区。春秋战国时期,商业城市的兴起就得益于便利的水利交通。譬如宋国之陶邑(今山东定陶),其商业、手工业发达,人口众多,陶朱公范蠡(公元前536—前448年)就曾在陶邑"三致千金",盖因陶邑北临济水,东北有荷水沟通泗水,地处鸿沟水系之中,为中原地区水陆交通中心,"诸侯四通",于是成为"货物所交易"的"天下之中"。不过,春秋战国时期的运河建设多是出于政治、军事目的,规划路线时主要考虑减少施工量,以期在短时间内实现河流间的连接,因此航线多受天然河流和湖泊的地理位置限制,水路行运路程有时会偏远不便,一旦放弃管理,很快就会淤废。

自秦以后,随着国家大统一局面的出现,人工运河更朝着跨流域、长距离的方向发展,以便适应封建国家政治经济的需要。运河工程的大发展,又促进水利科学技术的深入发展,使中国古代的开渠技术、闸坝工程技术、水源开发技术都上升到新的水平。

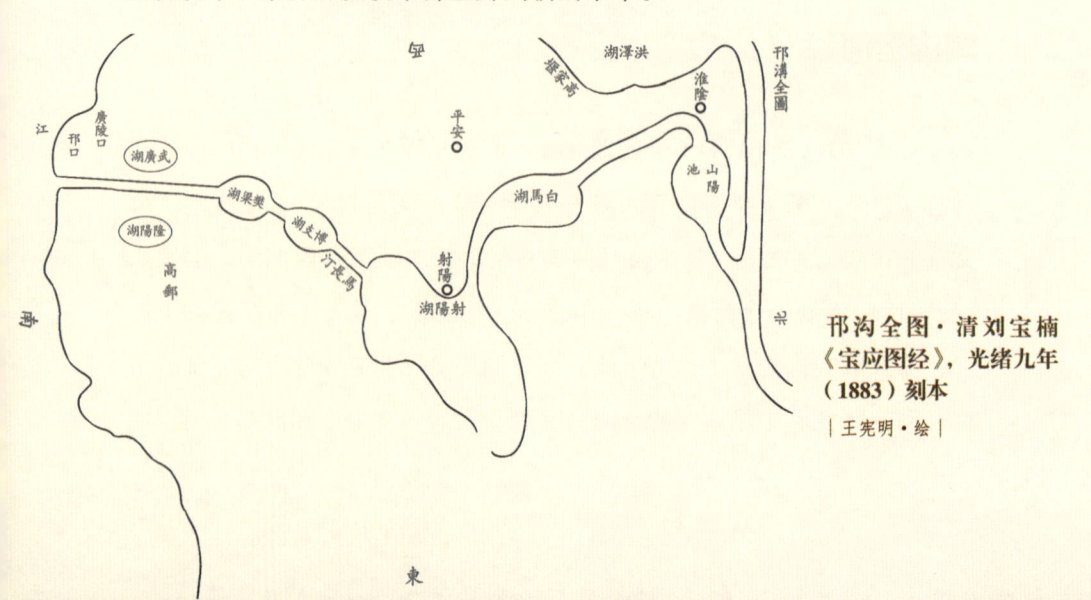

**邗沟全图·清刘宝楠《宝应图经》,光绪九年(1883)刻本**

| 王宪明·绘 |

## 第五节 都江堰

蜀都金堤，天府肇基。

（李）冰乃壅江作堋，穿郫江、检江，别支流双过郡下，以行舟船……于是蜀沃野千里，号为『陆海』，旱则引水浸润，雨则杜塞水门，故记曰『水旱从人，不知饥馑，时无荒年，天下谓之「天府」也』。

——东晋常璩《华阳国志·蜀志》

公元前318年，魏、赵、韩、燕、楚五国合纵伐秦，以失败告终。秦惠文王（公元前337—前311年在位）伺机图谋对外扩张，以建立"王业"。秦相张仪（？—公元前309年）认为王业之名在"三川、周室"，主张进攻韩之新城、宜阳，"临二周之郊……据九鼎，按图籍，挟天子以令天下"。而秦将司马错（生卒年不详）则认为王业之实在巴蜀之地，"取其地足以广国，得其财足以富民缮兵"，且巴蜀可以从水道通楚，"得蜀则得楚，楚亡则天下并矣"。秦惠文王采纳司马错的建议，从汉中经石牛道伐蜀。秦惠文王二十二年（公元前316年），秦灭蜀，于其地置蜀郡，经营蜀地，作为攻楚的战略后方。

## 郡守李冰

岷江位于成都平原西缘，沿途多高山深谷，水流湍急。岷江自灌口陡然进入平原，流速顿减，泥沙沉积。夏季冰雪消融，水量骤增，以致

# 第一章　先秦时期

蜀地泛滥成灾。自蜀王杜宇王朝、开明王朝时期（约公元前6世纪），蜀地先民就开始大规模治理水患。据《华阳国志·蜀志》记载："（杜宇时），会有水灾，其相开明决玉垒山以除水害。"开明开凿人工运河，分引岷江水入沱江，此后两千余年间一直是都江堰工程的主要灌溉渠道。后因鳖灵治水有功，蜀王杜宇仿效尧舜故事，禅位于鳖灵，号曰开明。

秦昭襄王末年（公元前256—前251年），蜀郡守李冰（生卒年不详）为解决水患，组织当地民众修建都江堰。都江堰初建者李冰的事迹

都江堰图·《四川通志》，乾隆元年（1736）刻本

几不可考,《华阳国志·蜀志》说他"知天文、地理",其生平记载最早见于《史记·河渠书》,仅寥寥数语,甚至不能确定"蜀守冰"之姓氏。西汉时期,扬雄(公元前53—公元18年)所著的《蜀王本纪》中有"江水为害,蜀守李冰作石犀五枚"记载,方知"蜀守冰"为李姓。

## 水旱从人

都江堰位于成都平原西北之灌县(今四川都江堰市),为成都扇形冲积平原的顶点,自灌县至成都,其间高差约300米,坡度平均地自顶点向东南逐渐下倾,具有极其有利的自流灌溉地形。

都江堰旧称"都安堰"(《水经注·江水》)。"都江堰"一名,至元代才正式见诸记载。至元元年(1335)揭傒斯(1274—1344)所撰《蜀堰碑》(也作《大元敕赐修堰碑》)记有"至元改元十有一月朔,肇事于都江堰",此后历代沿用。关于都江堰的得名,一说堰名源于江名,如《太平寰宇记·剑南西道一·益州》记载:"郫(pí)江,一名都江,一名成都江也。"另一说则认为"都江"是停潴江流之意,所谓"横潴洪流,故曰都江"(《蜀中广记》),为赞颂大堰驯服岷江,使成都平原自此无水患之忧,而得灌溉之利,故名都江堰。

都江堰主要由宝瓶口、鱼嘴和飞沙堰组成[①],三者相辅相成,是中国古代最为著名的以灌溉为主,兼有分洪以及航运之利的综合性水利工程。

### 宝瓶口

宝瓶口是都江堰的引水口。蜀郡之西为玉垒山,原有一余脉伸进岷江,阻隔岷江江水进入成都平原。旧时蜀相开明曾"决玉垒山",至此玉垒山部分余脉与山体断连,是谓"离堆"。李冰在前人工程基础上,

---

① 宝瓶口、鱼嘴以及飞沙堰的名称直至明清之际才见于文献记载。

# 第一章　先秦时期

"凿离堆，辟沫水之害，穿二江成都之中"，继续开凿"离堆"，扩大引水口。岷江江水自此可经由宝瓶口，顺着西北高、东南低的地势，流入成都平原上密布的农田灌渠。

### 鱼嘴

鱼嘴是指在离堆上游所修筑的分水堤，其形如鱼嘴，故名。鱼嘴将岷江一分为二，东为内江（郫江），供灌溉之用，西为外江（检江）为岷江本流。岷江分势，既可免除泛滥的水灾，又能便利航运和灌溉。内江沿江还筑有堤防，堤防与鱼嘴均就地取材，用装有卵石的竹笼累叠而成，够经受洪水的长期冲击。

### 飞沙堰

飞沙堰不见于都江堰的早期记载，可能是三大主体工程中较晚出现的。都江堰持续运行至今的关键在于"深淘滩，低作堰"的六字诀，其中"深淘滩"是指每年春季要按照经验高程，疏浚鱼嘴前的内江河床；而"低作堰"则是强调控制飞沙堰的高程。飞沙堰位于内江东岸分水堤下游，是调节入渠水量的溢洪道。当宝瓶口进水量超过一定标准时，多余的水就会从飞沙堰过流，水量越大，飞沙堰的溢洪能力就越强，当水量和水速达到一定程度时堰体就发生溃决，此时飞沙堰的排洪作用最大化，在溢洪的同时，飞沙堰还能带走沙石等悬移质和推移质，起到排沙的作用；当宝瓶口进水量低于一定标准时，即内江水位低于飞沙堪的堰堤，飞沙堰自动失去泄洪功能，转而壅水，并形成螺旋形回流，既保证足够的水量流过宝瓶口，又能再一次排出沙石，避免沙石沉积引起宝瓶口堵塞。

此外，据《华阳国志·蜀志》记载，李冰兴建都江堰时，"于玉女房下白沙邮作三石人，立三水中，与江神要（约定），水竭不至足，盛不没肩"。石人作为标尺，放置在进水口处以测量水位，岷江水浅到石人脚，灌区用水就会短缺；而岷江水面高至石人肩，灌区则会发生水灾。由此可以测知内江的进水流量，为整个工程系统调节水位提供依据，以

第五节 都江堰

四川湖北水道图（局部）

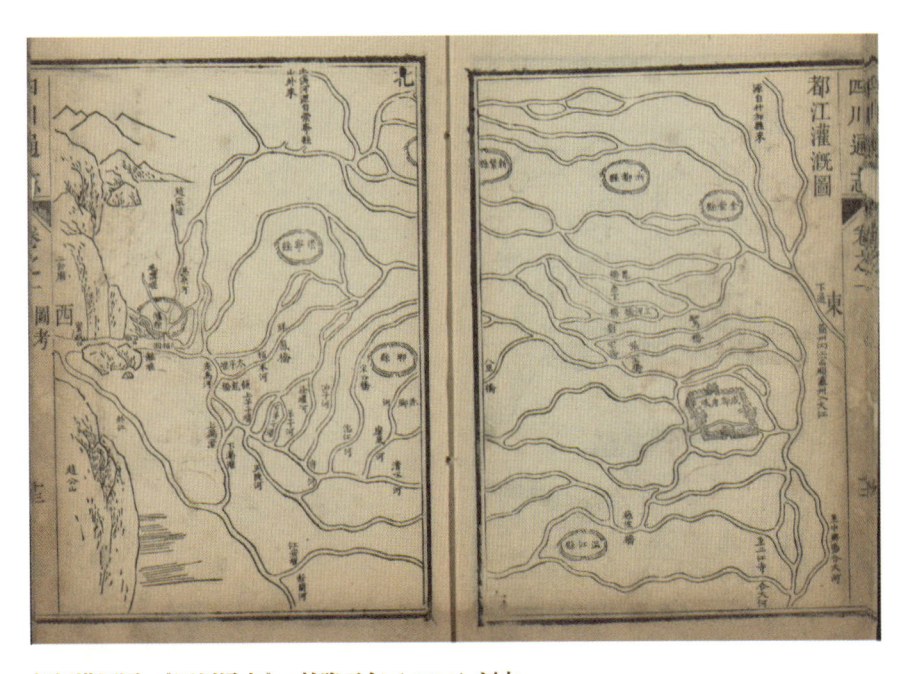

都江灌溉图·《四川通志》，乾隆元年（1736）刻本

## 第一章　先秦时期

达到周密合理的灌溉，防洪，分配洪水、枯水流量的目的。

都江堰工程建成后，渠系密布，多到"以万亿计"，灌区辽阔，溉田万顷，农利优厚。成都平原自此"水旱从人，不知饥馑，沃野千里"，成为中国西南地区的政治、文化、经济中心。

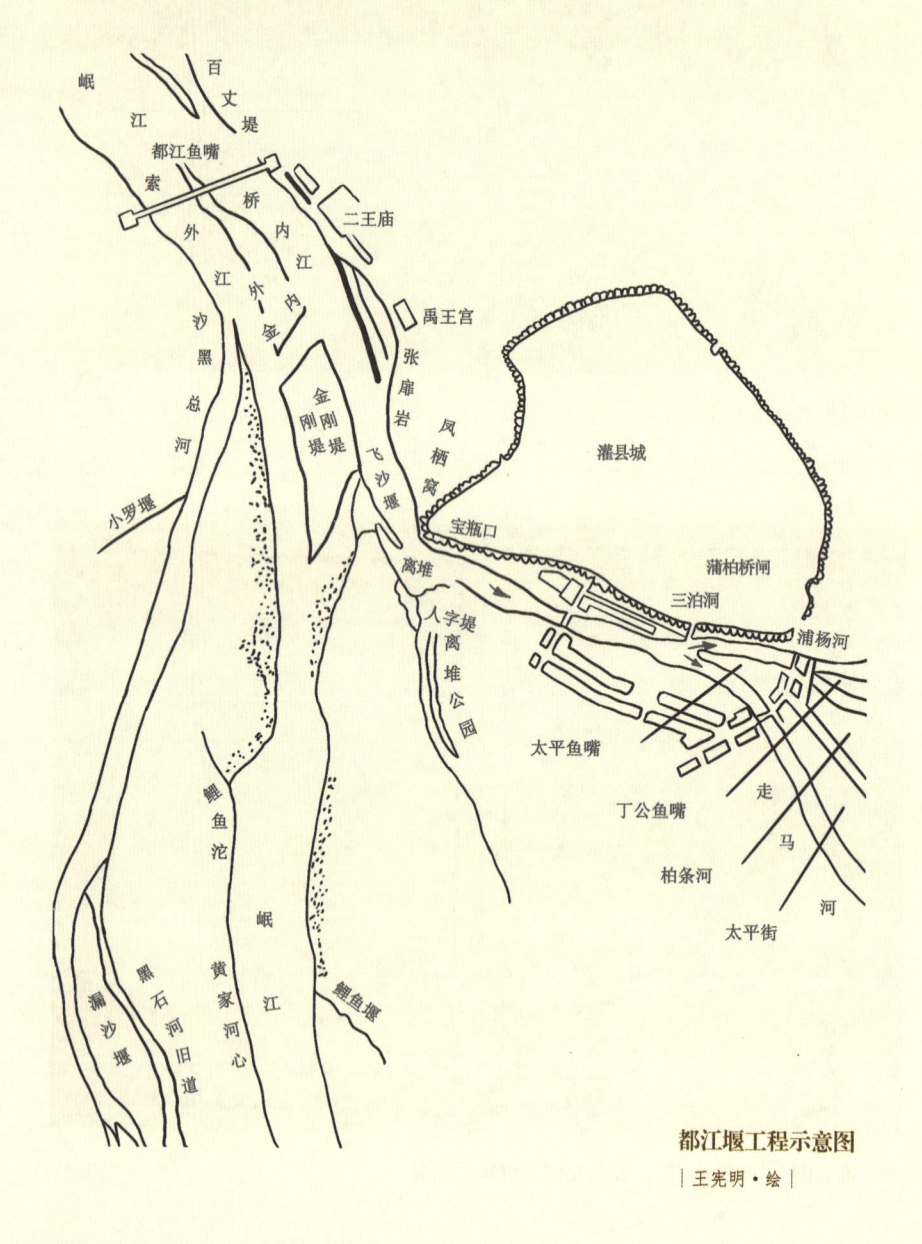

**都江堰工程示意图**

王宪明·绘

## 第六节 郑国渠

> 溉泽卤地，秦以富强。
>
> （郑国）渠就，用注填阏之水，溉泽卤之地四万余顷，收皆亩一钟。于是关中为沃野，无凶年，秦以富强，卒并诸侯，因命曰郑国渠。
>
> ——西汉司马迁《史记·河渠书》

　　韩国自长平之战，割让上党郡后，仅余新郑一隅，朝不保夕。而韩、秦相邻，秦国兼并六国，韩国首当其冲。秦王政元年（公元前246年），韩国遣水工郑国（生卒年不详）入秦游说，建议修建水渠西引泾水，东注洛水，以此耗费秦国国力，勿使伐韩。韩国的"疲秦之计"虽被识破，然而渠成亦有大利于秦，仍令郑国主持修渠工程，渠成后因郑国而名"郑国渠"。秦王政十年（公元前237年），郑国渠历时十年，终告完工。郑国渠"溉泽卤之地四万余顷，收皆亩一钟[①]"。这个初始的规划期望，虽未能实现，但确实增强了秦国国力，"于是关中为沃野，无凶年，秦以富强，卒并诸侯"。

## 工程巧思

　　郑国渠的工程形式比较简单，然其整体规划极具巧思。

---

[①] 秦1亩约合今0.69亩，四万余顷约合今280万亩，1钟约合今250斤。

# 第一章　先秦时期

### 渠首选址

《史记·河渠书》记载："凿泾水自中山西邸瓠口为渠。"泾水自中山（今仲山，位于今陕西泾阳西北）而出，至瓠口（今陕西礼泉县北屯）进入渭北平原。瓠口为泾水出山峡口，"瓠"意为"葫芦"，是指瓠口地形有如葫芦之细腰，河身于此陡然变窄，水势湍急，利于引水。渠首以东为渭北平原，其地形西北微高，东南略低，干渠沿北山南麓向东伸展，使得郑国渠整体工程自然形成一个自流灌溉系统。渠首的引水口位于泾河凹岸偏下游地区，此处是泾河流速最大的位置，渠道进水量多，且枯水期主流仍靠近引水口，水易入渠。

### 无坝引水

传统水渠工程一般采用拦河筑坝的引水方式，在坝上游建库蓄水，河中泥沙会在水库中沉降淤积，最后引清灌溉。郑国渠工程则是无坝引水，在渠口向泾河中心修筑适当长度的导流堤，为保证进水的流速和流量，导流堤与泾河河道成科学角度。在河道弯道处，水流存在横向环流现象，上层水由凸岸流向凹岸，河流的最大流速接近凹岸稍偏下位置，恰好对准引水口，大量的细沙被引入渠道，泾水泥沙含量高而有肥效，所谓"泾水一石，其泥数斗，且溉且粪，长我禾黍"，无坝引水技术可以直接引泾河浑水进行淤灌，能降低土壤的盐碱含量，改善土质。下层水由凹岸流向凸岸，从而把较大的沙粒冲向凸岸，最大限度减少渠道淤积。

### 干渠布局

郑国渠的干渠依据地势修筑在渭北平原二级阶地的最高线上，以南灌区都在其控制之下，整体坡降约在 0.064%，可以基本保持渠道多沙水流的冲淤平衡，说明当时的测量技术已达到相当高的水平。郑国渠全长"三百余里"，秦 1 里约合今 415.80 米，300 里约为 124.74 千米，据现代对郑国渠遗址的实地考察，测得郑国渠全长 126.03 千米，与司马迁的记载高度吻合，干渠故道宽 24.5 米，渠堤高 3 米，深约 1.2 米，工程十分壮观。在当时生产工具还比较简陋的条件下，工程难度可想而知。

### "横绝"供水

《水经注·沮水》记载：

> 郑渠又东，迳舍车宫南，绝冶谷水……又东绝清水。又东迳北原下，浊水注焉……与沮水合……沮循郑渠。

郑国渠将冶峪河、清峪河、浊峪河以及沮水等纵向河流拦腰截断，引其水补充郑国渠之水源，还能将这些河流的下游河床变为耕地。"横绝"技术是中国科学技术史上独有的发明，为以后关中地区大规模的兴修水利开创了先例。

## 泾渠变迁

自隋唐以前，关中地区长期是国家的政治、经济中心，而关中地区的农业水源主要是依赖引泾灌溉工程。引泾灌溉工程之肇端即为郑国渠，郑国渠之后，历朝多在郑国渠的基础上进行修治，各有建树。西汉时期，郑国渠运行百年，河床刷深，引水困难。太始二年（公元前95年）赵中大夫白公（生卒年不详）在郑国渠之北，主持修建"白渠"，"首起谷口，尾入栎阳，注渭中，袤二百里[①]，溉田四千五百余顷[②]"，白渠的渠首段与郑国渠基本重合，二渠并称为"郑白渠"。

南北朝时期，前秦苻坚（338—385）、北魏贺兰祥（517—564）都曾对郑白渠进行恢复。建元七年（377），苻坚"议依郑白故事，发其王侯已下及豪望富室僮隶三万人，开泾水上源，凿山起堤，通渠引渎，以

---

[①] 汉1里约合今417.6米，200里约合今80千米。
[②] 汉1亩约合今0.7亩，4500余顷约合今31.5万亩。

## 第一章　先秦时期

溉冈卤之田。及春而成，百姓赖其利"，在白渠之北，泾河上游山谷另外开凿石渠，通渠引渎。大统十六年（550），贺兰祥也"修造富平堰，引水东注于洛，用溉民田，甚获其利"，富平堰位于富平县南二十里，引石川河水，恢复郑国渠的下游河段。

隋唐时期，国家定都长安，对郑白渠工程多有增建，改建渠首，拦河筑坝，壅水入渠；干渠设置三限闸，将干渠自此分流为太白、中白、南白三条支渠，并于支渠上广开斗渠（由支渠引水到毛渠或灌区的渠道）；在干渠、支渠上，也多设斗门，改引洪灌溉为由闸、斗控制的畦灌。此外，唐朝对于郑白渠的管理制度也十分完善，各渠、各斗门均专设渠长、斗门长一人，唐朝水利法规《水部式》还明确规定："泾渭白渠及诸大渠用水灌溉之处皆安斗门，并须垒石及安亩傍壁，仰使牢固，不得当渠造堰……其斗门皆须州县官司纵行安置，不得私造……凡浇田皆仰预知顷亩，依次取用。水遍，即令闭塞，务使均普，不得偏并。"永徽六年（655），雍州长史长孙祥（599—659）上奏唐高宗（649—683年在位）："往日郑、白渠溉田四万余顷，今为富商大贾竞造碾硙，堰遏费水，渠流梗涩，止溉一万许顷。"由此可见，郑白渠未受碾硙影响以前的灌溉面积，应多于"一万许顷[①]"。

自宋代起，政治、经济中心东移，引泾灌溉效益下降，加之河床渐低，引水困难，引水口不断上移，工程更加艰巨。北宋初年，曾对郑白渠渠堰进行过修治。熙宁五年（1072），泾阳令侯可（生卒年不详）"凿小郑渠引泾水"。大观二年（1108），赵佺（生卒年不详）"又于白渠之北，凿石渠引泾水下与白渠会"。两次工程将郑白渠渠口上移至峡谷地带，侯可所凿土渠"袤四千一百二十丈[②]，南与故渠合"，赵佺所凿石渠

---

[①] 唐1亩约合今0.78亩，10000许顷约合今80万亩。

[②] 宋1尺约合今0.31米，4120丈约合今13千米。

## 第六节 郑国渠

则"袤三千一百四十一尺[①]，南与土渠接"，工程历时36年，建成"丰利渠"，"凡溉七县田二万五千九十三顷[②]"。

丰利渠运行二百余年后，因战乱等原因，年久失修，渠堰塞坏，土地荒废，不得水利。延祐元年（1314），西台御史王据（生卒年不详）在丰利渠上游"更开石渠五十一丈，阔一丈，深五尺[③]……兴工至五年（1318）渠成"，王据所开石渠仅是将丰利渠渠首迁移，渠道工程并未改变，新渠因王据而得名"王御史渠"。

成化元年（1465），副都御史项忠（1421—1502）再次将王御史渠渠口上移，主持开凿"广惠渠"。据《陕西通志》记载，广惠渠工程"穿小龙山、大龙山，役者咸篝灯以入，遇石刚顽，辄以火焚水淬。或泉滴沥下，则戴笠披蓑焉，功未就，项召还朝"。成化十二年（1476），都御史余子俊（1428—1489）督工逾年，仍未完成。成化十七年（1481），副都御史阮勤（1423—1499）"用匠四百人，五县之民，更番供役二月，兴工次年正月工成，溉五县田八千余顷[④]"。广惠渠工程，施工艰难，自成化元年至十八年，广惠渠工程历时17年，前后三易主管，终告完成。不过，宋代以后所建之丰利渠、王御史渠和广惠渠均未达到唐代规模，而且效益日渐衰落。

乾隆二年（1737），统治者不顾人民需要，"遏泾水毋令淤渠"，放弃了历代引泾灌溉工程。同治年间（1862—1875），高陵知县徐德良（生卒年不详），内阁学士袁保恒（1826—1878）曾先后试图恢复引泾灌溉工程，均未成功。直至民国时期二十三年（1934），经水利专家李仪祉（1882—1938）重新勘测、规划、设计，建成"泾惠渠"，引泾灌

---

① 宋1尺约合今0.31米，3141尺约合今0.98千米。
② 宋1亩约合今0.86亩，25093顷约合今21.6万亩。
③ 元1尺约合今0.38米，5尺约合今1.9米，1丈约合今3.8米，51丈约合今193.8米。
④ 明1亩约合今0.96亩，8000余顷约合今80万亩。

# 第一章　先秦时期

溉工程重新恢复。

以郑国渠为代表的引泾灌溉工程，其工程规模之大，水工技术、管理水平之先进均是各时期社会生产力，科学技术以及政策法规的最高水平。历代引泾灌溉工程是关中地区的经济繁荣，社会发展的物质基础，所谓"衣食京师，亿万之口"。自秦汉至隋唐时期，关中地区一直是国家京畿之地，关中地区的稳定直接关系到国家的稳定，引泾灌溉工程保证了关中地区的农业稳定与经济繁荣，对国家社会、政治、经济、文化的发展也有明显的辐射带动作用。宋元以后，虽然关中地区不再是国家的政治、经济中心，但对国家西北地区的发展仍有重要意义。可以说，历代引泾灌溉工程就是中国历史前进的重要推动力。

泾渠总图·《长安志》，乾隆四十九年（1784）刊本

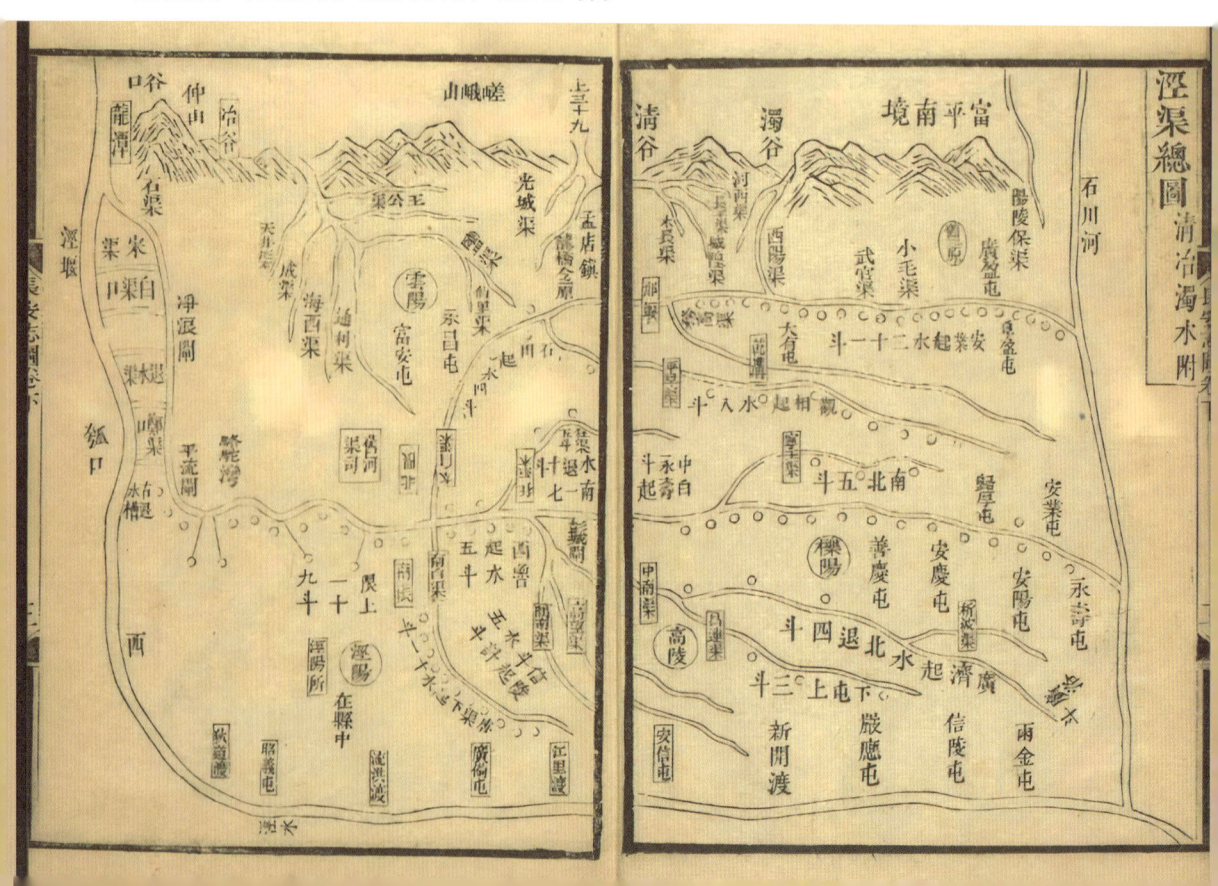

## 第七节 水利科学理论

水常可制，其利百倍。

故圣人之处国者，必于不倾之地而择地形之肥饶者，乡山，左右经水若泽，内为络渠之泻，因大川而注焉。乃以其天材，地之所生利，养其人以育六畜。

——先秦管仲《管子·度地》

春秋战国时期，随着铁制农具和牛耕的使用与推广，大量荒地得到开垦，兴建大规模的水利工程也成为农业发展之必需。同时，社会生产力的发展，为奴隶制的瓦解和封建制的建立提供了物质基础。奴隶主的没落，导致其垄断文化的"学在官府"的局面被打破，私学骤兴，社会上涌现出大量士人。士人一般都接受过礼、乐、射、御、书、数的"六艺"教育，奔走于各诸侯国间，不但为各主君在政治、军事问题上出谋划策，也从事文化和科学技术的研究，于是"九家之术，蜂出并作"。中国古代水利科学技术也在这样思想解放、学术自由、百家争鸣的社会环境下蓬勃发展。

## 水源分布

在中国古代社会，长期以农耕作为主要生产方式，水旱灾害是农业生产最大威胁。因此，先民很早就开始积累对水的认识，往往以"浮天载地""高下无不至，万物无不润"来描述水的存在，并逐步形成了水文水资源的科学体系。由认识水进而利用水，以达到兴利除害的目的。

### 《山海经》与《尚书·禹贡》

《山海经》与《尚书·禹贡》是中国古代最早描述地表水的著作。

# 第一章　先秦时期

《山海经》，其著者不详，《四库全书总目》认为该书乃"周秦间人所述"，现一般认为是战国时期记录成文，秦汉时期又进行增补，后经西汉刘歆（约公元前50—前23年）整理传世。《山海经》原本可能是一部述图之作，后来古图亡佚，仅经文传世，所余《山经》5卷和《海经》13卷。

《山海经》是中国古代最早记载黄河起源的历史文献。《山海经·西山经》记载："昆仑之丘……河水出焉。"认为黄河源出昆仑山。同时期的《尚书·禹贡》则记载黄河发源于青海积石。西汉时期，张骞（公元前164—前114年）出使西域，否定了"河出昆仑"说，重新提出"伏流重源说"，即罗布泊湖水潜行地下，南出积石，形成黄河。至元十七年（1280），元世祖忽必烈（1271—1294年在位）派遣旅行家都实（生卒年不详）率队考察黄河河源，才彻底否定张骞的错误观点。都实认为，黄河源于今扎陵湖、鄂陵湖一带，虽仍然没有到达黄河最上端的源头，但已确定了黄河的正源，为后来的黄河河源考察奠定了基础。

《山海经》以周朝的都城洛阳为中心，分东、西、南、北、中五个方位，以山川为纲目进行地理描述，共记载各地区河流300余条，并对各级河流的源头、流向、水流季节变化、伏流和潜流多有述及，粗略地勾画出了北自黄河和海河，南至长江中下游的水系分布。

《尚书·禹贡》中分别记述了弱水、黑水（今甘肃张掖一带）、黄河、漾水（今汉水上源）、长江、沇水（古济水，自河南武陟注入黄河）、淮水、渭水、洛水等河流的经行，对于黄河流向描述则较为具体。

### 《周礼·职方氏》

《周礼·职方氏》是中国古代第一部介绍关于农田灌溉的著作，职方氏是掌管全国的地图和九州的资源和经济情况的官员。书中系统描述了春秋战国时期全国主要自然水体的分布情况，包括九州的主要山岭、泽薮（湖泊和沼泽）、川（通航河流）、浸（灌溉水源）、人口、农作物、家畜和特产等，其中对泽薮、川、浸等的系统记述，可以看作原始的水资源区划。

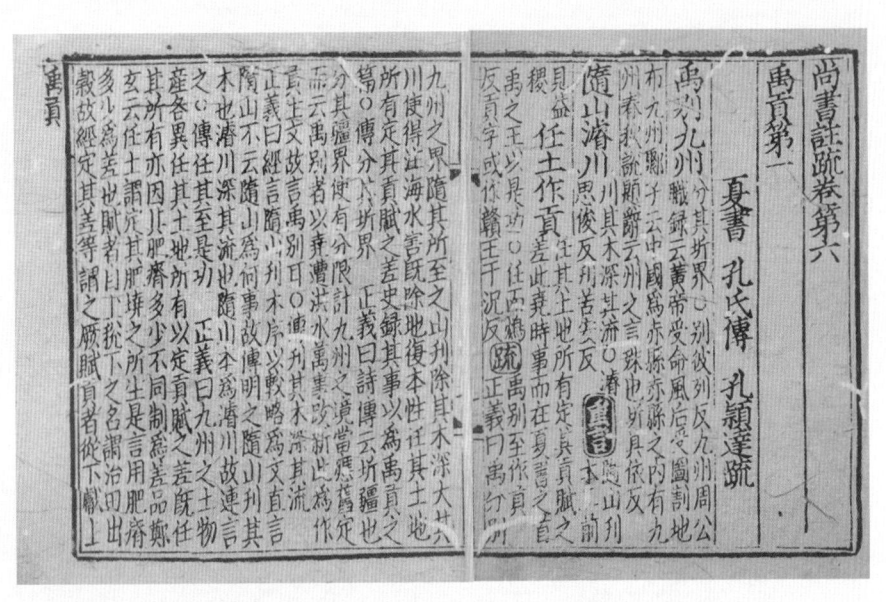

《尚书注疏》·南宋建安巾箱八行本

《周礼句解》·嘉靖三十五年（1556）蔡扬金刊本

山而祠之　　　　　　　　　　　　　　　　　　　　　　　　　　　　　　　　　　
赤似仙人一曰　羿方東或曰謹朱　在國獸火國在其國南獸身黑
　　　　　　　色炎火出其口中　言能吐火蓋似　　　　　　　　　　　
　　　　　　　　　　　　　　猿猴而黑色　一曰在讙朱東三株樹在獸火北生赤水
　　　　　　　上其為樹如栢葉皆為珠　一曰其樹若彗　星　三苗國在赤水東其為
　　　　　　　　　堯以天下讓舜三苗之君非之帝殺之　　　如彗　　　音替
　　　　　　　　　有苗之民叛入南海為三苗國也　一曰三毛國在其東
　　　　　　　人相隨
　　　　　　　人黃操弓射虵　　　　　　　　一曰載國在三毛東貫肖國在其東
　　　　　　　　　　　　　大荒經云此國自然有五穀衣服
　　　　　　　其為人肖有竅　尸子曰四夷之民有貫肖者深目者長肱者黃帝之德
　　　　　　　　　　　　　昌致之異物至穿肖之國其衣則縫者蓋以珠此貫肖人也　一曰載國
　　　　　　　東交頸脛國在其東　言脾脛曲戾相交所謂彫題交
　　　　　　　　　　　　　或作頸　趾此或作頸其為人交頸而行
　　　　　　　穿肖東不死民在其東　有負丘上有不死樹食之
　　　　　　　　　　　　　　　　　乃壽亦有泉飲之即不老也
　　　　　　一曰在穿肖東其人吉國在其東　其人舌皆岐
　　　　　　　　　　　　　　　　　　　或曰文古　一曰在不死民東崑崙
　　　　　　大人其壙東其壙四方羿與鑿齒戰於壽華之野羿射殺之在
　　　　　　崑崙墟東羿持弓矢鑿齒持盾　鑿齒亦人齒長　一曰戈三首國在其
　　　　　　　　　　　　　　　　　　　五八尺因人名

## 海外南經第六

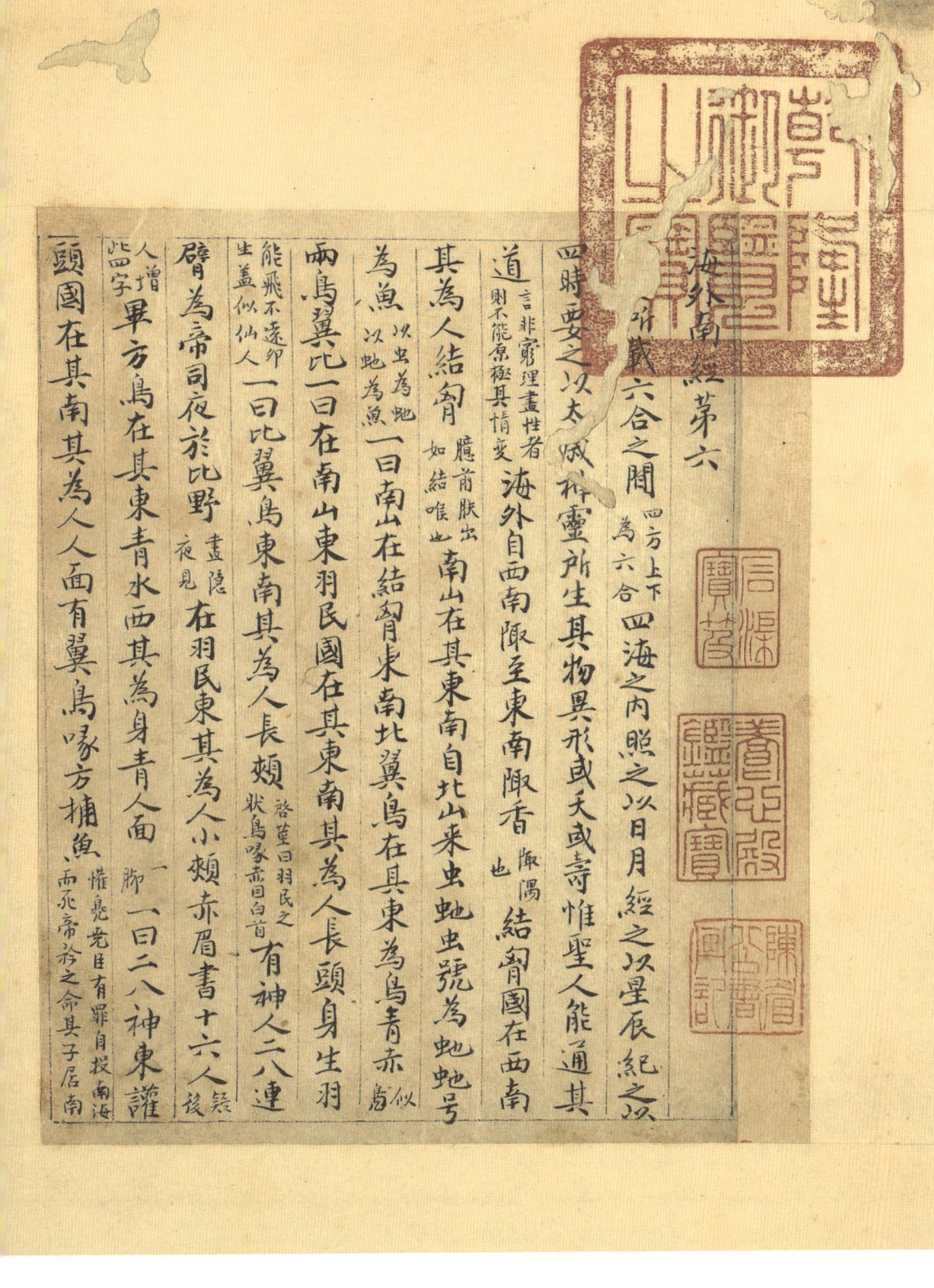

四時要之以太歲裕靈所生其物異形或夭或壽惟聖人能通其道 言非窮理盡性者孰不能原極其情变

海外自西南陬至東南陬者

結匈國在西南其為人結匈 臆前胅出如結喉也

南山在其東南自北山來蟲為蛇蛇號為魚

為魚 以蟲為蛇以蛇為魚

一曰南山在結匈東南

比翼鳥在其東其為鳥青赤兩鳥翼比一曰在南山東

羽民國在其東南其為人長頭身生羽 啟筮曰羽民之狀鳥喙赤目白首有神人二八連

能飛不遠卵生盖似仙人一曰比翼鳥在其東南其為人長頰

臂為帝司夜於此野 畫隱夜見 在羽民東其為人小頰赤眉書十六人

人增益字畢方鳥在其東青水西其為身青人面脚一曰二八神東謹

一頭國在其南其為人人面有翼鳥喙方捕魚 而死帝矜之命其子居南

權亮兜臣有罪自投南海

# 第一章　先秦时期

## 水利科学

《管子·度地》是以管仲（公元前723—前645年）回答齐桓公（公元前685—前643年在位）问题的形式讲述对于立国和地理、水利相互关系的认识，其中主要的水利科学理论以及管理经验如下。

水筒·元《王祯农书》，嘉靖九年（1530）山东布政使司刻本

### 地表水的分类

《管子·度地》将地表水按其来源和流经情况划分为经（干流）、枝（支流）、谷（季节河）、川（人工河）以及渊（湖泊）五类，根据不同类型的水流特点，有区别地治理、疏导和开发利用。此外，《管子·地员》还对地下水深度、水质、相应地表土壤性质和所适宜种植的农作物品种作了系统归纳，这也是中国最早关于地下水理论的概括。

### 坡降的概念

《管子·度地》中说："夫水之性，以高走下则疾"，即水流总是由高处流向低处，垂直落差越大则流速越快。那么修建渠道时，就要控制水流速度，水流过快，会对渠道产生冲刷破坏，水流过慢，则行水不畅。控制水流速度的关键在于渠道的坡度。《管子·度地》指出"三里满四十九者，水可走也"，即在三里的距离内，渠首尾的合理落差应为四十九尺[①]。按当时的长度换算，相当于 0.09% 的坡降。现在的泾惠渠（前身是郑国渠）、渭惠渠（前身是成国渠）和洛惠渠（前身是龙首渠）的干渠坡降都在 0.04%—0.05%，0.09% 的坡降则显得陡了一些，但考虑到当时的测量、施工水平较低，稍陡的坡降又是必要的。

### 虹吸和水跃现象的描述

虹吸现象是指液体会在压强差的作用下，通过虹吸管（U 形管）从液面高的容器流向液面低的容器。《管子·度地》中说："水之性，行至曲，必留退，满则后推前，地下则平行，地高即控。"渠水通过弯曲的虹吸管时，会先出现"留退"的状况，注满虹吸管后，才能"后推前"地从另一端流出。出口低于进口，水流才能平顺通过，反之则受倒虹吸控制。水跃是明渠水流从急流状态过渡到缓流状态时发生的水面突然跃起的局部水力现象。《管子·度地》中说："杜曲则捣毁，杜曲激则跃，跃则倚，倚则环，

---

① 先秦 1 尺约合今 0.231 米，1 里约合今 415.80 米，二者之比即为坡降，即 $\dfrac{49 \text{尺}}{3 \text{里}} = \dfrac{0.231 \times 49}{415.80 \times 3} = 0.09\%$。

## 第一章 先秦时期

环则中，中则涵，涵则塞，塞则移，移则控，控则水妄行。"渠道不平顺，或渠道转弯处过急，则会被水流冲坏。渠道纵断面上的局部突然升降，会出现水跃现象。水跃会使得水流冲刷土质渠道，泥沙淤积，堵塞渠道，使渠水流不过去，从而造成工程的破坏，并导致"水妄行"的事故发生。

渴乌是中国古代利用虹吸原理的汲水工具，李贤（655—684）为《后汉书》注曰："渴乌，为曲筒以气引水上也。"《通典》记载："渴乌隔山取水，大竹筒雄雌相接，勿令漏泄，以麻漆封裹，推过山外，就水置筒，入水五尺，即于筒尾，取松桦干草，当筒放火，火气潜通水所，即应而上。"即以大竹筒前后套接成长管做成水笕，用麻漆封裹，密不透气，将临水一端入水五尺，然后在竹筒尾端，收集松桦枝叶和干草等易

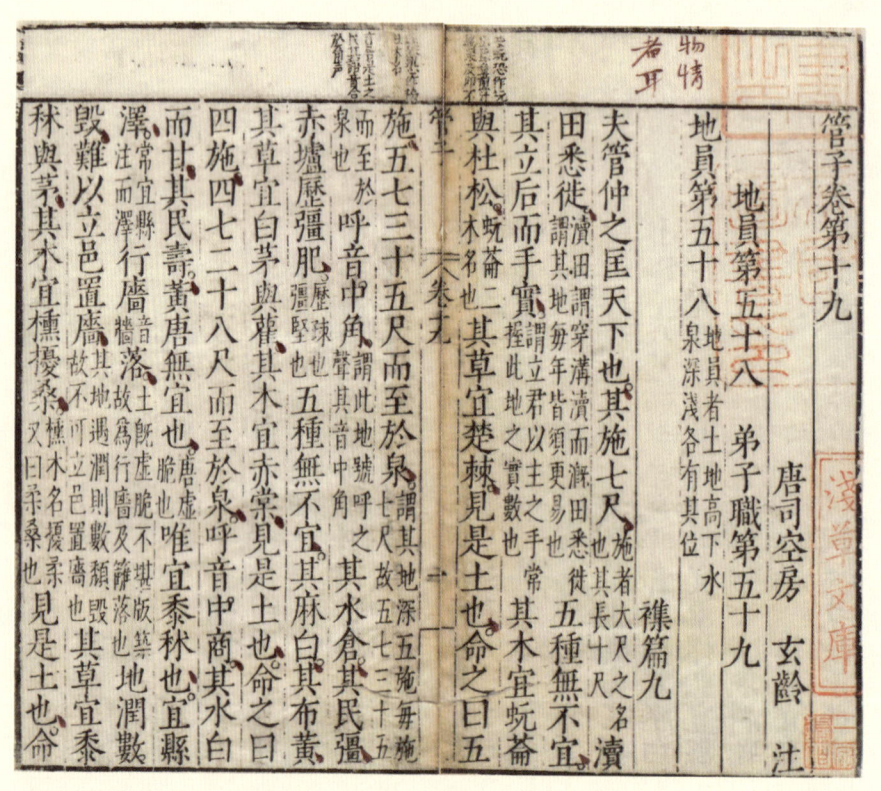

《管子》·明刊本

燃物，将竹筒置于其上点燃后生火，用以使竹筒内形成真空，稍冷，筒内形成相对真空，然后插入水中，即可吸水而上。从《通典》的记载来看，渴乌的形制近似于《王祯农书》中的水筒。

### 水利工程施工管理制度

中国古代的堤防工程技术起源甚早，《韩非子·喻老》中就曾说："千丈之堤以蝼蚁之穴溃。"其中还记载魏国筑堤专家白圭（公元前370—前300年）能发现并堵塞堤防上的白蚁洞穴，保证堤防安全。在《管子·度地》中就有关于堤防设计、施工以及保护等技术问题。

春秋战国时期，各诸侯国都设有负责水利建设与管理的水官，譬如水虞、渔师负责在冬月（十一月）征收"水泉池泽之赋"，雍氏则负责管理沟渠，"掌沟渎浍池之禁，凡害于国稼者；春令为阱擭、沟渎之利于民者。秋令塞阱杜擭"。《管子·度地》对于水官的职责和管理以及水利工程的组织管理和工具配备等方面的经验也有系统阐述。

在堤防设计、施工以及保护方面，《管子·度地》的经验有：①堤防设计。堤防横断面要成"大其下，小其上"的梯形状，才能不致滑坡；②堤防施工季节。要在"春三月，天地干燥……山川涸落……故事已，新事未起"的时候。因为这段时间是农闲时节，天气干燥，土地含水量适宜，可以保证施工质量；③堤防保护。施工季节堤坝筑成后还要"树以荆棘，以固其地，杂之以柏杨，以备决水"，即在堤上种植树木，既防止水土流失，在汛期又可作防汛抢险材料，一举两得。

在水官的职责和管理方面，《管子·度地》的规定是：①要委任精通水利工程技术的人员担任水官；②水官冬季巡视各处堤防，发现需要修补缮治的要向国君书面报告，待批准后实施；③修缮工程要在春天农闲时进行；④堤防工程完工后，要经常检查，如遇险情要及时抢护；⑤为保护堤防，减少水流和雨水对堤防的冲刷，要在堤上栽种灌木和乔木。危险地段，要采取适当的工程措施对其进行加固。

其終而萬物以為宗知道無形其原始終極莫能聖王
法之以令全一作其性以定其正生
於主口官職受而行之官職職日夜不休宣通下
宣徧也瀘於民心逐於四方瀘遠還周復歸至于主所
園道也令園則可不善無無所擁矣令不可者能
善者能令之善化使然無所擁無所擁者主道通也
情上達無所擁蔽故令者人主之所以為命也賢不
是為君之道過也故令者人主之所以為命也賢不
肖安之危之所定也
憾故曰人之有形體四肢其能使之也為其感而必
定也 君者法天天無私故所以為命
知也知感者痛恙也手足必感而不知則形體四肢不

《吕氏春秋》·明万历间张登云刊本

注文通趯孫廷射詩
李善注引姓作一也
者至貴者也

云云然遷也周旋運布庽冬夏不輟止水泉東
流日夜不休也休息上不竭下不滿竭止水從上流而東至海受不
溢也水涇而重升作也水從上流海是為大
也慶有為也則為雲是為輕
也有慶者乃無慶也無常慶也為而化乃有
塞圜道也天道正刑不法故曰圜道難也為也則
有所居則八虛刑法故塞難開也之八虛甚久則身斃病
故唯而聽唯止居讀曰居慶之聽則唯視聽止
斃死也聽止矣視則聽止矣
說一本一道一不欲留留運為敗留滯圜道也一也齊至
貴道無死敵故莫知其原莫知其端莫知其始莫知

# 第一章　先秦时期

在水利工程的组织管理和工具配备方面，《管子·度地》的经验有：①每年秋季按当地人口和土地面积摊派劳役，区别男女及劳动能力强弱。丧失劳动能力者，免服劳役。患病者仍需被征派，服劳役的可以代替服兵役，最后将劳役情况造册上报。②冬季农闲，适宜兴建水利工程。治河民夫要事先准备好筐、锹、板、夯、土车、棚车以及食具等施工工具和生活用具，预先准备好防汛的柴草等埽料；各种工具配备要有一定比例，以便组织劳力，提高工效。同时要留有必要的储备，以替换劳动中损坏的工具。工具和器材准备好后，要接受水利官员和地方官吏的联合检查。③建立有相应的奖惩制度，"故常以冬日顺，三老里、有司，伍长，以冬赏罚，使各应其赏，而服其罚"。

## 水的循环

水循环与日月运行、寒暑更替等自然现象一样，是周而复始的运动。《庄子·天运》中说："意者其运转而不能自止邪？云者为雨乎？雨者为云乎？孰隆施是。"认为天上的云和地下的雨是"不能自止"地相互转换。《吕氏春秋·季春纪·圜道》中则说："云气西行，云云然，冬夏不辍；水泉东流，日夜不休。上不竭，下不满，小为大，重为轻，圜道也。"意思是说，雨云自东向西不停运动。变雨降至地面，再流入大海。所以雨云永不枯竭，海洋也不满溢。这是对我国所在地理位置水循环特点比较准确的描述。

《周易》是中国先民对自然现象的哲学思考，其中的八卦是自然事物的象征符号：坎（☵）为水，兑（☱）为泽，艮（☶）为山，坤（☷）为地，由这四卦所组合而成的17卦的彖、象表征水循环的过程。

而水循环的动因，直到南朝，才由天文家何承天（370—447）做出巧妙解释：

> 凡五行相生，水生于金，是故百川发源，皆自山出，由高趣下，归于注海。日为阳精，光耀炎炽，一夜入水，所经焦竭。百川归注，足以相补，故旱不为减，浸不为溢。

这是以五行来阐明自然物质的变化，木火土金水五行与东南中西北五方相对应，金生水，水生木，所以河流发源于西部高山而东流至大海，海水经太阳蒸腾，形成降水至河流，再由河流汇入大海，循环往复。

先秦时期的水利科学技术起源于先民对自然、社会的思考观察，并在农业生产实践，尤其是在水利开发利用中得以不断验证提高。在先进水利科学技术的指导下，先秦时期的水利工程建设迎来规模空前的发展高潮。

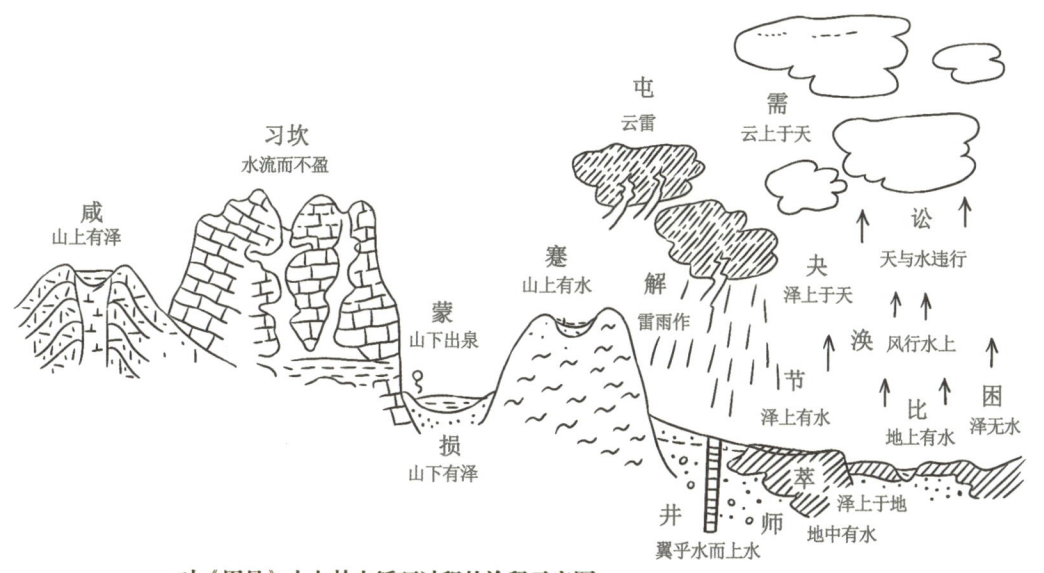

**对《周易》十七卦水循环过程的诠释示意图**
| 王宪明参考周魁一《中国科学技术史（水利卷）》·绘 |

咸卦，卦象是"山上有泽"；蹇卦，卦象是"山上有水"，即是有水源补给的高山湖泊，是控制范围较大的地下水的主要源泉。习坎，习是重叠，代表群山，地下水汩汩流出；蒙卦，"山下出泉"，不同类型的地下水出露。师卦、萃卦"地中有水""泽上于地"描述的是山前平原地下水溢出地面而形成池沼的过程。比卦、节卦，是表述地表水和地表水蒸发。其后各卦则是地面水从蒸发到演化为降水的过程。

# 第二章 秦汉时期

水之利害，自古而然。禹疏沟洫，随山浚川。爰洎后世，非无圣贤。鸿沟既划，龙骨斯穿。填阏攸垦，黎蒸有年。宣房在咏，梁楚获全。

——唐代司马贞《史记索隐·河渠书》

秦灭六国，结束了长期诸侯割据的局面。国家的统一对生产的发展和科学技术的交流有着积极影响，但是秦王朝滥用民力，对农民进行残酷的压迫和剥削，最终二世而亡。汉承秦制，采取『休养生息』的政策，社会经济得到恢复和发展。汉武帝（公元前141—前87年在位）时期，国家重视农业生产和水利灌溉，认为『农，天下之本也。泉流灌浸，所以育五谷也』『通沟渎，畜陂泽，所以备旱也』，许多大型水利工程先后建成，中小型水利工程的兴建更是不可胜数，一时『用事者争言水利』，是中国古代水利史上的罕见盛况。元封二年（公元前109年），黄河于瓠子（今河南濮阳）决口，司马迁（公元前145年或前135年—？）随汉武帝亲临堵口施工现场，万分感慨：『甚哉！水之为利害也。』于是司马迁写下《史记·河渠书》，这是中国古代第一部水利史，开后世历代正史中撰述河渠水利专篇之先河。

唐《史记·第二十九卷河渠书第七残卷纸本》（局部）
东京国立博物院·藏

## 第一节 灵渠

开岭通渠，南并百越。

夫陡河（即灵渠）虽小，实三楚、两广之咽喉，行师馈粮以及商贾百货之流通，唯此一水是赖。且有大石堤束水归渠，不使漫溢，小民庐舍田亩，借以保全，所关非浅鲜也。

——清代金鉷（hóng）《广西通志》

秦始皇（公元前247—前210年在位）统一六国后，随即命国尉屠睢（公元前262—前214年）征伐百越。但南征秦军遭到越人顽强抵抗，"三年不解甲弛弩"，军需供给又受制于山岭阻隔，以致"无以转饷"。于是，秦始皇派遣监御史禄（生卒年不详）"以卒凿渠而通粮道"，在湘江（长江支流）与漓江（珠江支流）之间开凿灵渠，运载粮饷。

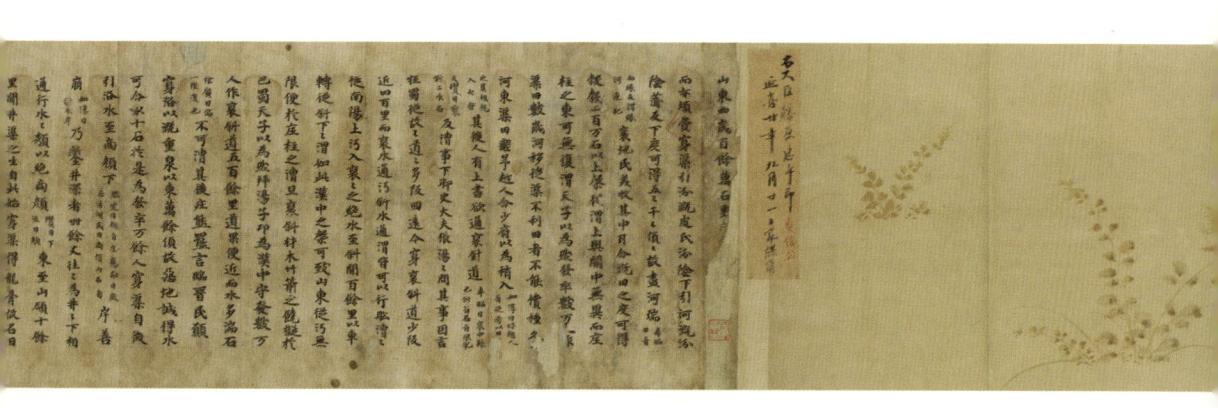

# 第二章　秦汉时期

## 灵渠规划

岭南地区有湘江、漓江两大河流，湘江自南向北而流，注入洞庭湖后贯通长江；漓江自北向南而流，汇入西江后再注入珠江。两江之间即是中国古代由中原地区通往岭南的交通要道——湘桂走廊。湘江上源和漓江支流始安水同发源于海阳山，两江最近处本应是凿渠的理想位置，然而此处两江高差悬殊，即使开通运河，由于水流湍急，船只也无法航行。于是，秦国工匠沿此地上溯，经过多次勘探，将湘江上游支流海阳河的静水区选定为渠首位置，此地江面开阔，水流平缓，非常适合拦河筑坝，并可容纳多艘船只来往交会，渠首的分水工程将湘江一分为二，向南分流的南支通往始安水，下入漓江，称作南渠。而北支则依傍湘江，另修一条北渠，下游仍回归湘江。早期工程比较粗糙，修护管理也不得当，效益难以长期发挥。

唐宋时期，灵渠经历数次技术改造和工程整治，发展完善，基本形成现今格局。宝历初年（825），观察使李渤（773—831）对灵渠"重为疏引，仍增旧迹"，增建铧（huá）堤（铧嘴和人字形天平坝），并设置陡门（船闸），这两项关键工程是灵渠行船通畅的根本保证。咸通九年（868），鱼孟威（生卒年不详）再次对灵渠工程进行修治，一是修整铧堤，用巨石堆积，加强稳定性；二是以十八行排桩加固陡门；三是疏浚河道。经过这次修治，灵渠工程质量极大提高，航运往来无阻，"防阨既定，渠遂汹涌，虽百斛大舸，一夫可涉。繇是科徭顿息，来往无滞，不使复有胥怨者"。北宋嘉祐三年（1058），李师中（1013—1078）又在唐代李渤、鱼孟威主持工程的基础上进行修治，以火烧石和泼冷水凿石的方式，增大渠道断面，同时修复和增建陡门，进一步增强了渠道的通航能力。元、明、清三代在唐宋格局的基础上，对灵渠也有多次修治，明清时期更是灵渠运行的黄金时代。

**《桂州重修灵渠记》·《钦定全唐文》，嘉庆十九年（1814）刊本**

灵渠初名秦凿渠，《旧唐书·懿宗本纪》作"澪渠"，鱼孟威作《桂州重修灵渠记》，首见"灵渠"之名。明清两朝称陡河，近代又称湘桂运河、兴安运河。

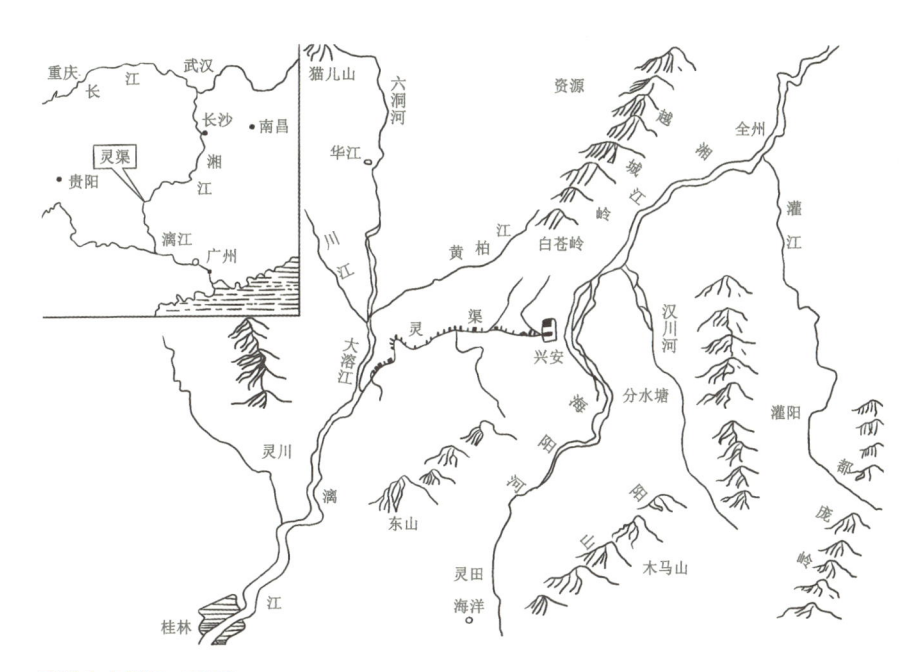

**灵渠分水枢纽工程图**

|王宪明参考周魁一《中国科学技术史（水利卷）》·绘|

## 第二章 秦汉时期

# 灵渠工程

灵渠工程主要由铧嘴,大、小泄水天平,南、北渠以及渠道上附属的秦堤,泄水天平和陡门组成。灵渠的工程设施并不复杂,但科学合理,是中国古代水利工程的代表作之一。灵渠工程的科技内涵主要体现在以下几个方面。

**最佳的分水地点**

灵渠工程的分水地点是经过缜密的测量,既节省工程量,又使人工运河与天然河道平顺衔接,保证南渠和北渠中有适宜行船的流速和航深。

**铧嘴**

铧嘴是类似于都江堰鱼嘴的分水设施。铧嘴的基础是用松木打桩,外围用条石砌筑,中间填砾石和泥沙,因其"前锐后钝",形似犁铧之嘴,故称铧嘴。铧嘴的设置有三个作用:一是分洪,铧嘴正踞河心,水流经铧嘴顶托,迫使向两侧分流,减轻水流对大、小泄水天平的冲击;二是"三七分水",上游来水经铧嘴分水后,七成顺大天平流入北渠,三成顺小天平流入南渠,保证南、北渠都有充足的水源供应;三是导航,铧嘴将上游来水一分为二,在其两侧形成一片静水区,往来船只循静水区航行,较为安全。

**大、小泄水天平**

灵渠工程在铧嘴之后又修建大小泄水天平。大、小泄水天平是两座溢流堰,堰体为人字形,增强了抗压力;大、小泄水天平堰体全部为溢流段,使进渠水位不超过渠道允许的高程,以确保渠道安全。最后,天平堰顶的溢流,泄入湘江故道,没有漫延冲决之祸,此时的湘江故道成为理想的排洪水道。

**北渠规划**

北渠舍湘江河道。一是由于江中巨石碍航,二是为北渠选择迂曲渠线,使湘江 0.375% 的坡降低至 0.17%,南渠坡降为 0.09%,都可以在人

## 第一节 灵渠

力牵挽下行船。

**陡门**

为保证南渠足够航深，建有若干座斗（陡）门。灵渠因有斗门，故在历史上别名"陡河"。南宋范成大（1126—1193）在《桂海虞衡志》对陡门的作用有精确描述：

> 渠绕兴安界，深不数尺，广丈余，六十里间置斗门三十六，土人但谓之斗，舟入一斗，则复闸斗，伺水积渐进，故能循崖而上，建瓴而下，千斛之舟亦可往来。治水巧妙，无如灵渠者。

灵渠是中国古代运河建设史上的壮举，它沟通了长江和珠江两大水系，使中原和岭南之间的水路可以直接相通。秦始皇三十三年（公元前214年），灵渠开通，秦朝援军和粮饷得以南运，遂并岭南，设桂林、南海、象三郡，并多次向岭南迁徙移民，使岭南地区自此并入中国版图。汉代以后，直到民国湘桂铁路开通前，灵渠一直是南北交通运输的大动脉。清代广西巡抚陈元龙（1652—1736）评价灵渠说：

> 夫陡河（即灵渠）虽小，实三楚、两广之咽喉，行师馈粮以及商贾百货之流通，唯此一水是赖。且有大石堤束水归渠，不使漫溢，小民庐舍田亩，借以保全，所关非浅鲜也。

灵渠除通航外，也使沿渠两岸农田得到灌溉。明代解缙（1369—1415）编纂的《永乐大典》中有"郡旧有灵渠，通漕运且溉田甚广"的记载，这是最早记载灵渠灌溉作用的文献。其实根据灵渠经过地带的地形，南、北渠用于灌溉农田的时间可能更早。在元、明、清三朝直至民国时期的文献中，也有关于灵渠灌溉农田的记载，顾祖禹（1631—1692）《读史方舆纪要》中就记载："今县东有水涵十，灵渠之水经此，每遇霖潦，往往啮堤为患，因置石涵以泄之。灌田数千亩。"

## 第二章　秦汉时期

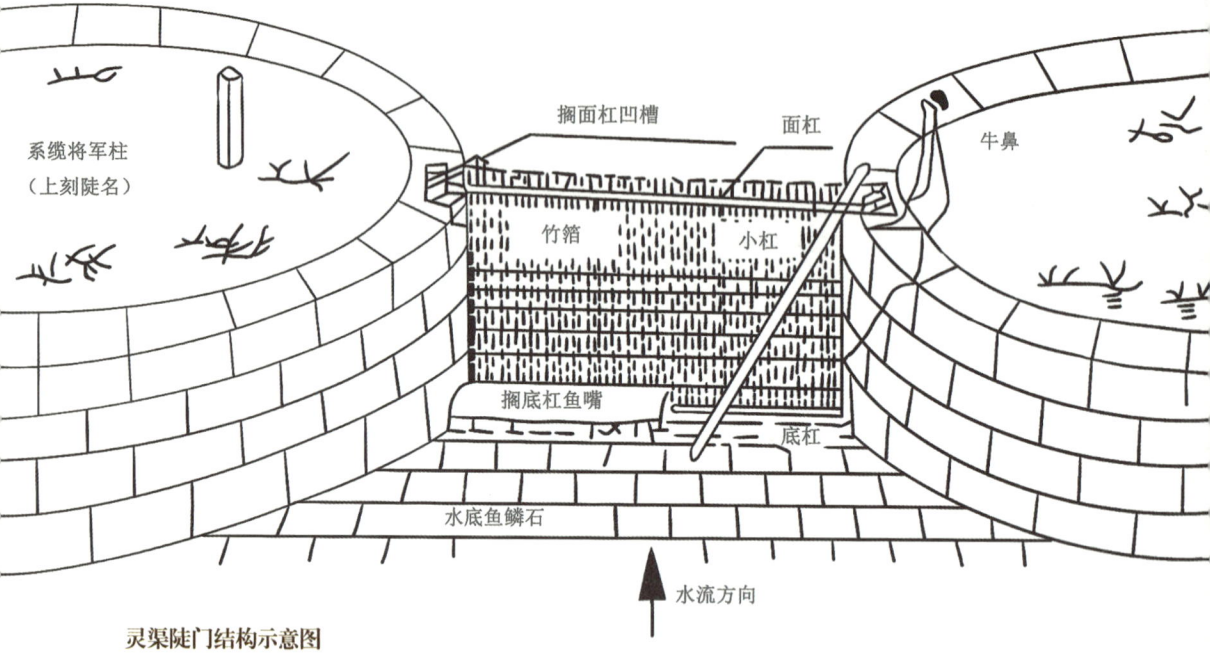

系缆将军柱
（上刻陡名）

搁面杠凹槽　　面杠

牛鼻

竹箔　　小杠

搁底杠鱼嘴　　底杠

水底鱼鳞石

↑ 水流方向

**灵渠陡门结构示意图**
王宪明参考刘仲桂《灵渠》·绘

> 第二节 关中水利工程
>
> 汉武兴作，争言水利。
>
> 殚为河兮地不得宁，
> 功无已时兮吾山平。
>
> ——西汉汉武帝刘彻《瓠子歌》

关中平原西起陈仓，东至潼关，北抵北山，南界秦岭，有崤函之固，河渭之利，金城千里，天府之国，是秦汉时期国家的政治、经济中心。但关中地区降水量少，雨量季节分布不均，农作物生长非常依赖人工灌溉。秦修郑国渠，"于是关中为沃野，无凶年，秦以富强，卒并诸侯"。西汉时期，汉武帝（公元前141—前87年在位）内兴功作，外攘夷狄，粮食供应日益紧张，而郑国渠自秦王政初年（公元前246年）建成至汉武帝时期，已历百余年，年久湮塞，故汉武帝在关中地区大兴农田水利工程，一时"用事者争言水利"，以龙首渠、六辅渠以及白渠最为著名。

## 穿渠得骨

龙首渠是中国历史上第一条地下水渠，今洛惠渠前身。汉武帝元狩至元鼎年间（公元前120—前111年），庄熊罴（pí）上书言道："临晋民愿穿洛以溉重泉以东万余顷故卤地。诚得水，可令亩十石。"临晋

## 第二章 秦汉时期

（今陕西大荔县）百姓建议开渠引洛水灌溉重泉（今陕西蒲城县东南）以东之地。渠成后，万余顷①盐碱地将成为亩产十石②的沃野良田。汉武帝采纳其建议，发卒万余。

大荔平原地势北高而南低，引洛水入渠，须将渠口水位提高到一定的高程，因此渠口选在洛河上游的征县（今陕西澄城县）。然而商颜山（今陕西铁镰山）横亘于征县与临晋之间，东西狭长，形似镰刀。起初采用开挖明渠的方法，但商颜山土质疏松，渠岸极易崩毁，于是改作隧洞，"乃凿井，深者四十余丈，往往为井，井下相通行水，水颓以绝商颜，东至山岭十余里间"。如从商颜山东西两端相向开挖渠道，施工面少，洞内通风，照明也有困难。于是，先民在水渠的预定线路上依次开凿一系列竖井，然后将井底打通，是谓"井渠法"（或称"竖井施工法"），既增加施工工作面，加快施工进度，同时也解决出渣、通风和照明的问题。在两端不通视的情况下，准确地确定渠线方位和竖井位置，可见当时测量技术之高。

据现代考古发现，井渠共分作两段，一段为蒲城县河城塬到温汤村的缓坡地带，总长度2600米；另一段自王武村至大荔县义井村，为商颜山的山脊地带，总长4300米。第一段井渠共7个竖井，间距200米上下，井口直径在1.2米左右，其中最上游的一个竖井，井深27.80米。龙首渠工程前后持续十余年，因在施工过程中挖出恐龙化石（另有一说是大象或犀牛骨骼），遂将所开渠道定名为龙首渠。不过，"渠颇通，犹未得其饶"，隧洞基本可以通水，但并未达到大面积灌溉的目标，可能是由于井渠未加衬砌，通水后，黄土遇水坍塌。

---

① 西汉1亩约为460多平方米。
② 西汉1石约为120市斤，1市斤约合今250克，1石即约合今30千克。

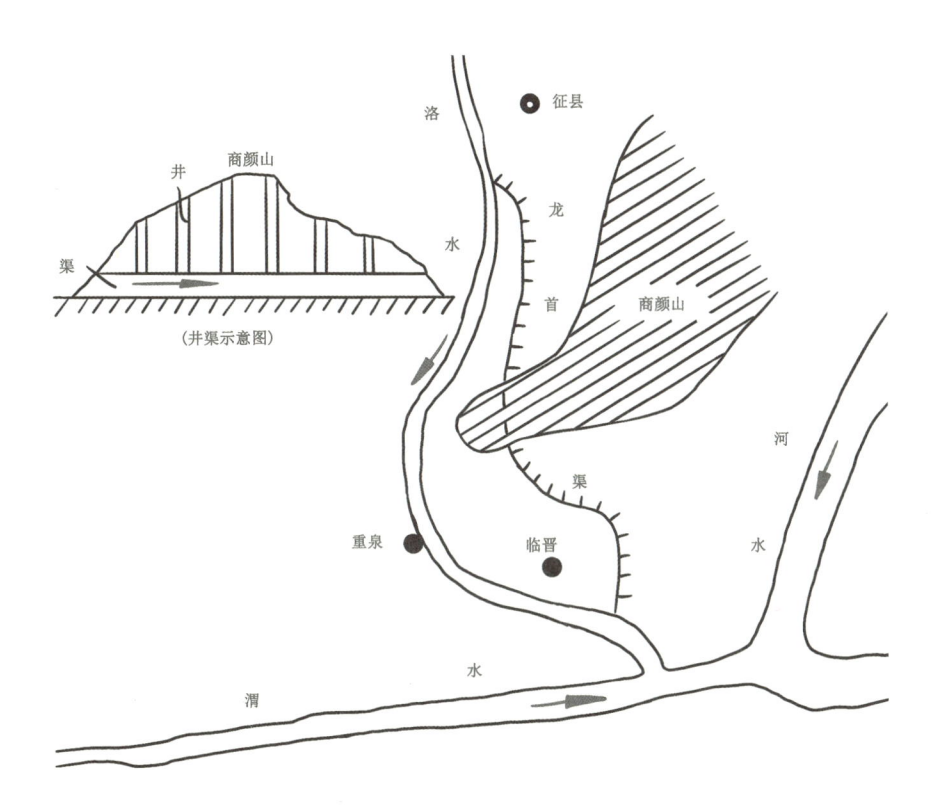

**龙首渠井渠施工布置示意图**
| 王宪明参考周魁一《中国科学技术史（水利卷）》·绘 |

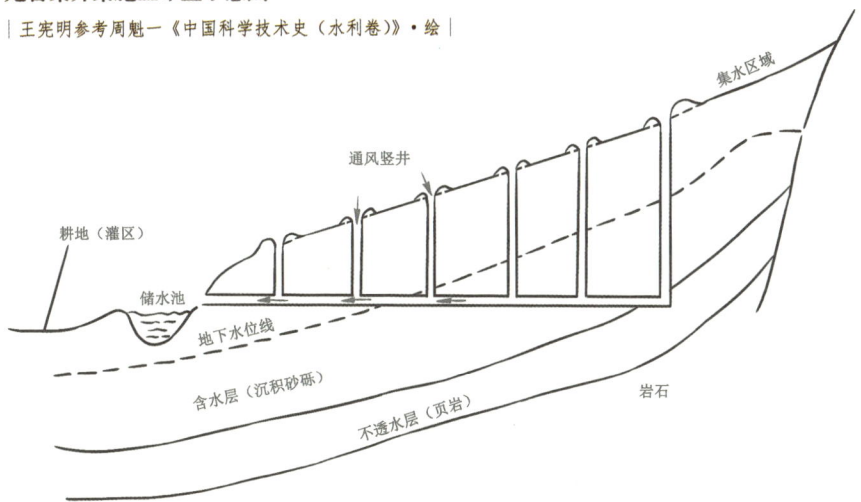

**坎儿井工程示意图**
| 王宪明参考郭涛《中国古代水利科学技术史》·绘 |

## 第二章　秦汉时期

龙首渠与坎儿井工程的施工方法基本一样。《史记·河渠书》中记载："井渠之生自此始。"故学界一种观点认为坎儿井工程起源于西汉关中龙首渠。另一种观点则认为坎儿井技术是从波斯（今伊朗）传入。其主要根据有二：一是波斯坎儿井工程起源更早，约公元前750年，使用也更普遍；二是坎儿井的名称与波斯卡斯井（Karez）的发音非常相近。其实，一定的自然条件，必然会产生出与之相适应的水利类型。只要具备相同的自然条件和技术基础，不同的地区也可以创造出相同的水利类型。所以，坎儿井完全可能是波斯和中国各自独立创造出来的。

## 以下向高

汉武帝元鼎六年（公元前111年），左内史儿宽（也作"倪宽"，？—公元前103年）主持在关中地区修建六辅渠。《汉书·沟洫志》记载：儿宽"奏请穿凿六辅渠，以益溉郑国渠旁高仰之田。"颜师古（581—645）在《汉书·倪宽传》中"宽表奏开六辅渠"一句下注释言道：

> 此则于郑国渠上流南岸更开六道小渠以辅助溉灌耳。今雍州云阳、三原两县界此渠尚存，乡人名曰六渠，亦号辅渠。

此后学者多认为六辅渠为郑国渠支渠。其实不然。是时，郑国渠日渐湮塞，保持灌区旧规已属不易，再增开支渠，实不现实。据文献记载，直至明朝仍有六辅渠延续不废以资灌溉者，譬如明嘉靖时期（1521—1567）的《重修三原志》中就记载：

> 惟清峪水上流有六渠，灌溉田地一千八十四顷四十六亩，盖即儿宽所穿六辅渠也。

其时，郑国渠早已废弃不复，可见六辅渠水绝非引自郑国渠，可能

## 第二节 关中水利工程

是导源于郑国渠以北的冶峪、清峪以及浊峪等河流。

六辅渠建成 16 年后,即汉武帝太始二年(公元前 95 年),赵中大夫白公(生卒年不详)又奏请于郑国渠北,穿渠引泾水自谷口起至栎阳入渭河,此渠因白公而名,故名白渠(亦称白公渠)。后世多将郑国渠与白渠并称为郑白渠,然不可混淆。白渠经泾阳、三原、高陵等县至下邽(今陕西渭南市临渭区下邽镇)注入渭水。当时有民谣称颂:"泾水一石,其泥数斗。且溉且粪,长我禾黍。衣食京师,亿万之口。"说的是,郑国渠和白渠的灌溉水中含有大量有机质泥沙,灌溉的同时还有施肥的功效。郑国渠位于渭河平原,地势西北高而东南低,利用"水性就下"的原理,西引泾水东注洛水。而六辅渠和白渠则相反,需要引水灌溉高仰之田地,则要"以下向高",即提高渠口引水高程,使水下行,在水流通过低洼地带时,以蓄留壅水的方法提高水位,从而把水引导至高处。据《玉海·地理》记载:

> 白渠皆上源高处为堰沿……其作堰之法,用石锢以铁,积之于中流,拥为双派,南流者为泾水,东注者酾为二渠,故虽骇浪,不能坏其防。

因此,白渠在开凿时以石铁筑堰,并设置水门控制水量,这些技术都较郑国渠工程更为先进。

汉武帝是中国历史上大有为之君,却也穷兵黩武、穷奢极欲,在位期间国家财政几致崩溃,故盐铁官营,与民争利,算缗(mín)告缗,掠之于商,致使海内虚耗、户口减半,民众不堪重负,有亡秦之兆。西汉水利建设集中于武帝一朝,而工程无不耗资亿万,数年乃成,六辅渠、白渠等确实取得良好效益,但也有如龙首渠等失败工程,其功过难以评说。值得注意的是,关中地区水利建设所带来的农业发展一定程度上是以下游的水患加剧为代价,中游开垦面积越大,水土流失越严重,下游水灾则越频繁。武帝以后,黄河逐渐进入多事之秋,水灾、河患愈演愈烈,直至无可挽回。

## 第二章　秦汉时期

**唐褚遂良《倪宽传赞卷》（局部）**

|台北故宫博物院·藏|

　　儿宽，千乘人（今山东博兴、高青部分地区），"为人温良，有廉知自将，善属文，然懦于武，口弗能发明也"。为廷尉部属时，善处理法律案件。武帝元鼎年间，儿宽任左内史，奏开六辅渠。元封元年（公元前110年），儿宽升任御史大夫，与司马迁共定太初历。

## 第二节 关中水利工程

## 第三节 南阳陂塘水利工程

> 召父杜母，惠泽南阳。
>
> 于其陂泽，则有钳卢、玉池、赭阳、东陂。贮水渟洿，亘望无涯……其水则开窦洒流，浸彼稻田。沟浍脉连，堤塍相辖。决渫则暵，为溉为陆。冬稌夏穱，随时代熟。潢潦独臻，朝云不兴，而漾漂独臻。
>
> ——东汉张衡《南都赋》

南阳盆地西邻关陕，东达江淮，南通荆湖、巴蜀，北拒三都（东都洛阳、西都长安与南都宛），内有湍水、淯水（汉水支流，今合称唐白河）之利，外得南北通衢之便，雨水丰沛，气候温和，土地肥沃，是两汉时期重要的粮食产地。西汉召信臣（？—公元前31年）、东汉杜诗（？—公元38年）相继经营，广治陂塘堤堰，南阳水利盛况空前。

## 召父杜母

召信臣，字翁卿，九江寿春人，西汉水利专家。召信臣举明经入仕，历任郎中、谷阳长、上蔡长，因其"视民如子，所居见称述"，越级擢升为零陵（今湖南永州）太守，后因病归隐，病愈被征辟为谏议大夫，后调任南阳郡太守，任上"行视郡中水泉，开通沟渎，起水门提阏凡数十处，以广溉灌，岁岁增加，多至三万顷。民得其利，蓄积有余"。

第三节 南阳陂塘水利工程

**东汉陂塘浮雕·1979年四川省峨眉县双福乡出土**
| 中国国家博物馆·藏
| 王宪明·绘

　　陂塘浮雕分为两部分：左侧为两块水田，上田内有堆肥，下田为两个农夫俯身劳作；右侧则是水塘，塘中置有小船，以及鳖、青蛙、田螺、莲蓬等物。

　　杜诗，字公君，东汉河内郡汲县（今河南卫辉市）人，少有才能，仕郡功曹，以"公平"著称。历任侍御史、沛郡和汝南督尉等职，"举政尤异"。建武七年（公元31年），汉光武帝擢升杜诗为南阳太守，杜诗生活节俭，为政清平，打击豪强，省爱民役，重视发展农田水利事业，组织百姓"修治陂池，广拓土田，郡内比室殷足"。

　　《后汉书》和《东观汉记》还记载建武七年（公元31年），杜诗任南阳太守时，曾"造作水排""用力少而见功多，百姓便之"。水排是一种以水为动力的冶金鼓风设备，通过传动机械，使皮制鼓风囊（tuó）或木扇等鼓风器开合，将空气送入冶铁炉以铸造农具。因用水作动力，又因常成排地使用，故名水排。水排自发明后，三国、魏晋、北宋都有使用或制作的记载。《王祯农书》称水排"但去古已远，失其制度，今特

073

水排·元《王祯农书》，嘉靖九年（1530）山东布政使司刻本

多方搜访，列为图谱"。元代以后很少再见到使用水排的记载。杜诗发明的水排早于欧洲1100年。

由于召信臣和杜诗的功绩，南阳地区将召、杜二人视为父母，并称："前有召父，后有杜母。""父母官"一词便由此而来。

## 长藤结瓜

经过召信臣和杜诗两位太守的苦心经营，南阳地区逐步形成河渠如长藤，陂堰如瓜，所谓"长藤结瓜"式的独特水利灌溉工程体系。陂塘是汉代重要的农田水利技术，既可蓄水灌田，又可以养鱼栽莲，发展多

## 第三节 南阳陂塘水利工程

种农业生产，东汉还专门设有"陂官""湖官"，推广发展陂塘。目前出土的汉代陂塘模型主要集中在四川东部、重庆以及陕西汉中地区，在四川西南部、贵州、云南、广东、广西等地也有发现，而在长江中下游地区却未见踪迹。有专家认为，除不同地区丧葬习俗存在差异外，其主要原因与长江中、下游地区盛行粗放的"火耕水耨"的稻作农耕方式有很大关系。而巴蜀一带在秦汉时期是历次移民的重点区域，移民带来了中原地区发达的水利灌溉技术和精耕细作的农耕技术。水田模型所反映的稻作农耕类型，正是中原先进的农耕技术与南方传统的稻作栽培方式相结合的产物。东汉著名科学家、文学家张衡（公元78—139年）在《南都赋》中曾盛赞南阳水利说：

> 于其陂泽，则有钳卢、玉池、赭阳、东陂。贮水渟洿（tíngwū），亘望无涯……其水则开窦洒流，浸彼稻田。沟浍脉连，堤塍（chéng）相引（yǐn）。朝云不兴，而潢潦独臻。决渫则暵（hàn），为溉为陆。冬稌（tú）夏穱（zhuō），随时代熟。

其中钳卢、玉池、赭阳以及六门陂等都是当时重要的水利工程。

### 钳卢陂

钳卢陂是南阳地区著名的蓄水灌溉工程，也有观点认为钳卢陂与六门陂是同一工程。钳卢陂初建于西汉召信臣，后东汉杜诗亦有修缮、疏浚之功。《元和郡县志》记载：

> 汉元帝建昭中（公元前38—前34年），召信臣为南阳太守，复于穰县南六十里造钳卢陂，累石为堤，旁开六石门，以节水势。泽中有钳卢、玉池，因以为名。用广灌溉，岁岁增多，至三万顷，人得其利。后汉杜诗为太守，复修其陂。

地图文字（自上而下、自右而左大致转录）：

汝水
汝河
平輿○
汝水
●馬香城
窖陂 安成○ 太陂 承陂 ●平陵亭
●慎陽 上陂 北陂 壁陂 牆陂
●堽壼睿 南陂 銅陂 馬城陂 綢陂
兩水分 南陂 黃邱亭 新息亭
慎水 爃陂 上慎陂 甲陂
中慎陂
○正陽 光陂 下慎陂
合慎水
鴻郤陂 慎水
萬安塘
東豫州
新息故國
程賈碑聽碑
陂受淮川水首 ●安陽 ●江國故江亭
淮水 谷
獅口 ○羅山 浮光山 扶光山 亦曰弋陽山
●七井岡
●鄳 青山 羅山 磬溪水潭谷
光淹城 小黃河 竹竿河 柴水 ●柴亭
郡左城

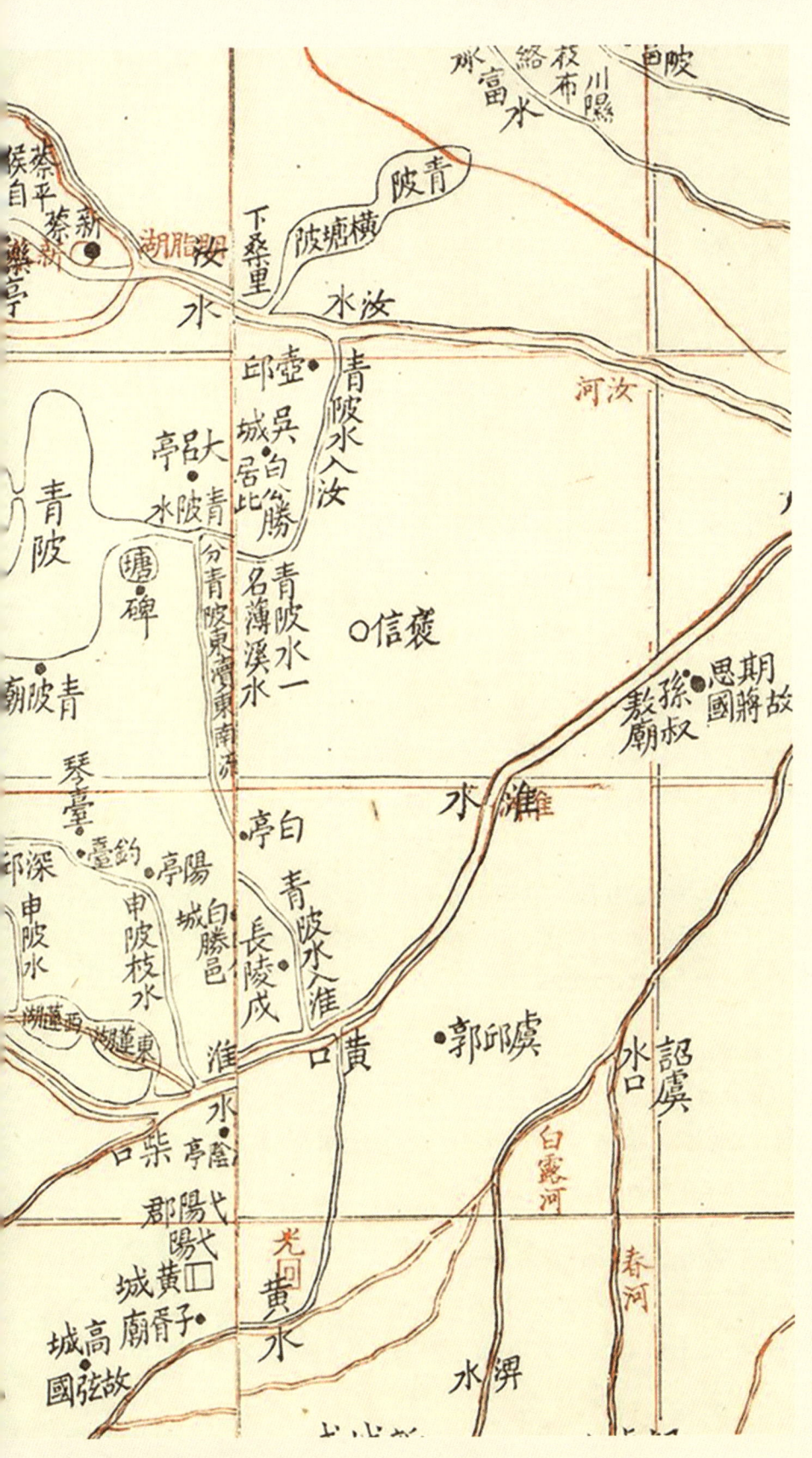

汉晋南阳陂塘分布示意图·《水经注图》，光绪三十一年（1905）宜都杨氏观海堂朱墨套印本

## 第二章　秦汉时期

### 玉池陂

玉池陂，宋代又称黄池陂。《广陵集》中记载，熙宁年间（1068—1077），王安石（1021—1086）之妻吴氏的同族，一位吴姓节妇曾"诏募民蓄，垦治废陂，复召信臣、杜诗之迹……筑环堤以潴水，疏斗门以泄水，壤化为膏腴，民饭秔（jīng）稻"。可见，召信臣、杜诗之功遗惠深远。

### 赭阳陂

赭阳陂因居于赭阳（今河南方城）城东而得名。《裕州志》记载：

> 赭阳陂在县东五里，创始于汉，南筑长堤，北蓄堵水，东西各设斗门以时启闭。陂水三十余顷，灌田数百顷。

两汉以后，南阳水利几经兴废，汉唐时期是其兴盛时期，唐末走向衰败，宋、明略有"中兴"之象，不过由于土地兼并以及生态破坏等原因，清代文献对南阳陂塘水利已几无记载，至于近代更是绝迹。

### 六门陂

六门陂，亦称六门碣、六门堤，是南阳陂塘灌区的灌溉枢纽，为西汉南阳太守召信臣所兴建数十处水利工程中最为著名的一处。《水经·湍水注》曾记载六门陂修建之始末：

> 湍水又经穰县（今河南邓州），为六门陂。汉孝元之世南阳太守邵信臣以建昭五年（公元前34年），断湍水，立穰西石碣。至元始五年（公元5年）更开三门为六石门，故号六门碣也，溉穰、新野、昆阳三县五千余顷。

现河南邓州城区新华西路北尚存渠首遗迹。

"长藤结瓜"是南阳等浅丘地区典型的水利工程形式，对解决流域间的水资源不平衡问题十分有效。直到现代，这一传统的水利形式还在发挥作用。具有以下几个特征：①充分利用水源。河流水源不仅在灌溉季节能得到利用，在非灌溉季节也能利用众多陂塘存蓄水量，减少地面径流的浪费，调节天然水在时间和空间分布上的不平衡。②充分发挥各陂塘的调蓄作用，提高整体渠系的灌溉能力。由于地面径流不断补给陂塘，各陂塘间又可互相调节，因而可以克服孤塘独陂水源得不到保证而经常蓄水不够的缺点，有利于解决集水面积、陂塘容积和灌溉面积之间的不平衡问题。③扩大自流灌溉面积。"长藤结瓜"式的灌溉系统，提高了自流灌溉控制高程，因而扩大了自流灌溉面积。④陂塘联合蓄水。既可以增强灌区的抗洪能力，也利于发展灌区间的水运交通。

## 第四节 贾让治河

> 宽河行洪，三策治河。
>
> 古今言治河者，皆莫出贾让三策。
>
> ——明代谢肇淛《北河纪·河议纪》

汉武帝时期（公元前141—前87年在位），国家在关东地区大兴水利，黄河中上游植被破坏严重，以致下游形成地上河，西汉后期，黄河频繁决溢。元帝永光五年（公元前39年），"河决清河灵鸣犊口，而屯氏河绝"；成帝建始三年（公元前30年）秋，"大水，河决东郡金堤"；成帝河平二年（公元前27年），"河复决平原，流入济南、千乘，所坏败者半建始时"；鸿嘉四年（公元前17年），"勃海，清河，信都河水盆溢，灌县邑三十一，败宫亭民舍四万余所"；成帝永始二年（公元前15年），"梁国、平原郡比年伤水灾，人相食"。至汉哀帝初年（约公元前6年），朝廷广求"能浚川疏河"者，于是侍诏贾让（生卒年不详）上疏，提出以"宽河行洪"思想为核心的治河三策，即上策滞洪改河，中策筑渠分流，下策缮完故堤，并对三策进行对比选优和评估。可惜汉哀帝时（公元前7—前1年），西汉王朝已行将末路，无暇顾及黄河治理，治河三策未能付诸实践。《汉书》中对于贾让生平无任何记载，然其治河三策却洋洒千余言。治河三策是流传下来最早的治理黄河的规划方案，对后世影响深远。

## 治河三策

首先，贾让提出治水的基本思想是"不与水争地"，并通过分析黄河演变历史去论证这一观点。古时，河道、人居各处其所，"大川无防，小水得入，陂障卑下，以为污泽，使秋水多，得有所休息，左右游波，宽缓而不迫"，洪水灾害并不多。但至战国时期，诸侯国"各以自利"，开始筑堤约束河水。"齐与赵、魏，以河为竟。赵、魏濒山，齐地卑下，作堤去河二十五里。河水东抵齐堤，则西泛赵、魏，赵、魏亦为堤去河二十五里。"这虽然不是好办法，但洪水尚不至于被过分束缚。西汉时，沿河居民贪图黄河肥美滩地，在黄河堤内不断加筑民埝（niàn），圈堤围垦，与水争地。而且黄河下游的堤防宽窄不一，堤中有堤，迫使黄河"不得安息"。

基于上述认识，贾让提出治理黄河的上、中、下三策。

上策是："徙冀州之民当水冲者，决黎阳遮害亭，放河使北入海。河西薄大山，东薄金堤，势不能远泛滥，期月自定。"以黄河岁修经费移作迁民之资，迁徙冀州之民，在遮害亭（今河南滑县西南）挖开河堤，由于西有太行山及其余脉，东有金堤的阻挡，黄河会形成新的河道，由此北流入海。贾让之上策是一劳永逸地解决黄河水患，故曰："此功一立，河定民安，千载无患，故谓之上策。"

然有人抨击此举"败坏城郭、田庐、冢墓以万数"，招致"百姓怨恨"，故贾让又提出治河中策："多穿漕渠于冀州地，使民得以溉田，分杀水怒。"具体规划为："淇口以东为石堤，多张水门""但为东方一堤，北行三百余里，入漳水中，其西因山足高地，诸渠皆往往股引取之。旱则开东方下水门溉冀州，水则开西方高门分河流"。即在黄河以西、太行山麓以东的适当地点向北修筑堤渠，引黄河入漳水河道，再于新堤上修建若干水闸，如遇干旱，则开东面水闸引水灌溉；如遇涝灾，则开西面水闸分洪。如此可避三害、兴三利①，虽非圣人之法，但也是"富国安民，兴利除害，支数百岁"。

下策则是"缮完故堤"。加固堤防，维持河道现状。但堤防岁修岁坏，劳民伤财。

## 历史评价

对于贾让治河三策，后代褒贬不一，明清间争论尤多。邱浚（1420—1495）认为："古今言治河者，皆莫出贾让三策。"刘天和（1479—1545）则认为贾让上策和中策都不可行，还说"文庄（邱浚谥号'文庄'）谓古今无出此策，盖身未经历，非定论也"。清代夏骃（？—1706）称赞贾让治河有术，"使大禹复出于此时，亦未有不徙民而放河北流者，安得不以上策哉"。而河道总督靳辅（1633—1692）则讥讽贾让说："有言之甚可听而行之必不能者，贾让之论治河是也。"

其实历代学者多认为贾让之上策并不可行，虽然考虑到人与水争地的严重后果，却忽视对当时社会经济状况的分析。但贾让之上策仍有其积极意义，靳辅说："（贾让）所云疆理土田，必遗川泽之分，使秋水多得有所休息，左右游波，宽缓而不迫数语，则善矣。"靳辅这里所引用的贾让的话，原文出自《汉书·沟洫志》："古者立国居民，疆理土地，必遗川泽之分，度水势所不及……使秋水多，得有所休息，左右游波，宽缓而不迫。"意思是治河必须遵循河流和洪水的客观规律，留足泄洪断面。人们的生产和生活应主动避让洪水，在满足泄洪以外的地方去进行，而不能过分地侵占河滩，压迫洪水。人们的防洪努力，一方面

---

① 《汉书·沟洫志》记载："民常罢于救水，半失作业；水行地上，凑润上彻，民则病湿气，木皆立枯，卤不生谷；决溢有败，为鱼鳖食：此三害也。若有渠溉，则盐卤下湿，填淤加肥；故种禾麦，更为秔稻，高田五倍，下田十倍；转漕舟船之便：此三利也。"

要为改善生存条件，和不利的自然环境作斗争；另一方面，也要遵循自然规律，主动地限制国土开发利用的强度以适应自然。贾让"必遗川泽之分，度水势所不及"，是他从黄河治理的历史演变中得出的结论。他提出的社会发展要有一定限度，应主动与河流洪水的规律相适应的自然观，是客观的和积极的。

# 第五节 王景治河

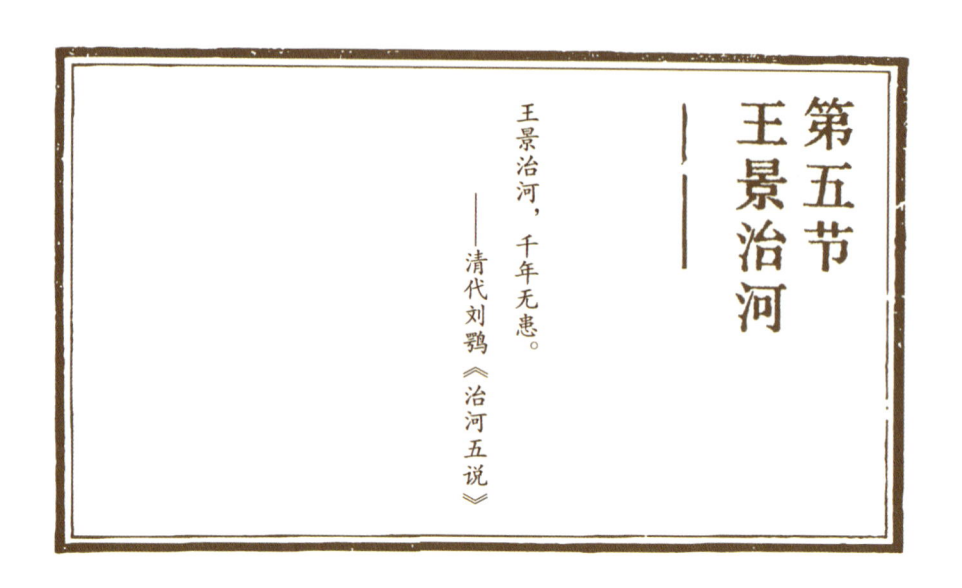

> 王景治河，千年无患。
> ——清代刘鹗《治河五说》

东汉初年，民生凋敝，经济萧条，"黄金一斤易粟一斛"，国家亟待恢复农业生产。建武十年（公元 34 年），阳武令张汜（生卒年不详）上书言道，汉平帝（公元前 1—公元 6 年在位）时，黄河、汴渠决口，至今久未治理，沿岸数十县百姓长罹水患，主张改修堤防，阻塞决河。而汉光武帝（公元前 5—公元 57 年在位）则从浚仪（今河南开封）令乐俊（生卒年不详）之谏言，认为大兴水利工程会导致民众负担过重，遂罢张汜之议。至汉明帝（公元 57—75 年在位）中期，"天下安平，人无徭役，岁比登稔，百姓殷富"，国家已有能力组织大规模水利建设。

## 筑堤理渠

永平十二年（公元 69 年），汴渠向东泛滥，汉明帝召集群臣，商议治河，然而众议却是"任水势所之，使人随高而处，公家息壅塞之费"，主张迁徙灾区百姓，消极治理水患。汉明帝一时"不知所从，久而不决"，于

## 第五节 王景治河

是召见王景（公元30—85年）询问治河事宜，王景对答如流，汉明帝赐王景《山海经》《河渠书》《禹贡图》等治河专著，命他主持治水事宜。

王景，字仲通，乐浪郡诌邯（今朝鲜平壤西北）人，祖籍琅琊不其（今山东即墨西南）人，东汉时期著名的水利工程专家。《后汉书·王景传》记载："景少学《易》，遂广窥众书，又好天文术数之事，沈深多伎艺。"永平初年（公元58年），有人举荐王景"能理水"，于是"显宗（汉明帝，公元57—75年在位）诏（王景）与将作谒者王吴共修作浚仪渠。吴用景堰流法，水乃不复为害"。

王景治河的历史记载较为疏略，据《后汉书·明帝纪》记载，永平十二年治水工程的主要内容是："……筑堤理渠，绝水立门，河、汴分流，复其旧迹。"

### 筑堤

黄河泛滥加剧的原因，在于下游河道常年泥沙淤积而形成地上悬河，河水高出堤外平地，洪水一来，便造成堤决漫溢。于是，王景为黄河重新规划入海路线，并修筑"自荥阳（今河南荥阳东北）东至千乘（今山东高青东北）海口千余里"的堤防，防止以后河水的泛滥和改道。黄河新道的具体经流并不见于文献，相较旧河，距离较短，河道顺直，河床比降增大，因此，河水流速和输沙能力相应提高，河床淤积速度大大减缓。

### 理渠

理渠即治理汴渠。经过认真反复"商度地势"后，为使"河、汴分流，复其旧迹"，王景等人"凿山阜，破砥绩，直截沟涧，防遏冲要，疏决壅积，十里立一水门，令更相洄注"。首先清除汴渠上游段中的险滩暗礁，堵塞汴渠附近被黄河洪水冲成的纵横沟涧，加强防险工段的防护和疏浚淤积不畅的渠段等，从而使渠水畅通，漕运便利。"十里立一水门"是王景治理汴渠的关键措施。即在汴渠引黄段的百里范围内，约隔十里开凿一个引水口，实行多水口引水，并在各引水口修起水门，人

## 第二章　秦汉时期

工控制水量，交替引河水入汴。当时，荥阳以下黄河还有许多支流，王景将这些支流互相沟通，在黄河引水口与各支流相通处，同样设立水门。这样洪水来了，支流就起分流、分沙作用，以削减洪峰。分洪后，黄河主流虽然减少了挟沙能力，但支流却分走了大量泥沙减缓了河床的淤积速度。

王景主持的"筑堤，理渠"工程于次年四月完工，虽耗资"百亿"钱，但数十年的黄水灾害得到平息，"陶丘（今山东定陶）之北，渐就壤坟"，大面积土地变为适宜耕种的沃壤，农业生产开始恢复起来。永平十三年（公元70年），汉明帝带领百官亲自前往视察黄河，并"诏滨河郡国置河堤员吏，如西京旧制"，在黄河沿岸郡县设置官员管理河堤。王景也因治理黄河、汴河有功，"三迁为侍御史"。永平十五年（公元72年）明帝拜王景为河堤谒者。建初七年（公元82年）王景迁任徐州刺史，次年又迁庐州太守并卒于任上。

## 千年无患

清代刘鹗（1857—1909）与近代李仪祉（1882—1938）二人都亲身参与过黄河治理，对王景治河评价较高。刘鹗在《治河五说》中说"王景治河，千年无患"。李仪祉在《后汉王景理水之探讨续》一文中则说："故余谓王景之治河，可以为后世法也。其治功几与大禹相埒，而合乎今世科学之论断。"黄河有患必致改道，而王景治河时的黄河基本流路与《水经注》中所描述的黄河流路是一致的，和《元和郡县志》中记载的黄河流路也无多大差别，说明此七百余年的黄河流路是基本一致的，直至太平兴国八年（983），黄河才改道入淮。据统计，自王景治河（公元69年）至北宋初年，黄河每五十年才决溢一次，且随着年代增加，灾情逐渐加重，说明王景治河是卓有成效的。

# 第三章 魏晋至隋唐时期

漕运自古有之，禹贡于各州下，皆有达河之路，达于河，即达于京师也。汉漕仰于山东，唐漕仰于江淮，皆有运道。宋都汴梁转运便易，元都北平始终海运，至元中开会通河，岁运不过数十万石，追明永乐后，东南漕运至京，至于今不废。

——清代傅泽洪《行水金鉴·略例》

三国魏晋南北朝时期，战乱不断，社会动荡。南方政权则相对稳定，中原人口的大量南迁，也带去了较为先进的水利技术，极大促进了江淮之间和长江以南地区水利事业的发展。隋唐时期，随着大统一历史局面的又一次形成，全国范围基本稳定的政治局面，为水利发展提供了先决条件，灌溉、航运和防洪工程建设蓬勃发展并取得重大成就。同时，唐代开放的社会风气，也为水利科学技术的进步创造了良好条件。在历来水利建设经验积累的基础上，隋唐时期的水利科学技术达到中国古代传统水利技术的高峰，并位居中世纪世界水利技术的前列。

清代《大运河地图》
| 弗利尔美术馆·藏 |

## 第一节 大运河

> 共禹论功,大业千秋。
>
> 尽道隋亡为此河,至今千里赖通波。若无水殿龙舟事,共禹论功不较多。
>
> ——唐代皮日休《汴河怀古》

大运河是中国古代历史上,可与万里长城齐名的伟大工程。大运河的邗沟段,早在公元前5世纪初即开始兴建。7世纪初,隋代统治者开始对全国运河进行统一规划和大规模建设。此后历经唐宋时期的疏浚、开拓,元代的"裁弯取直"工程,直至13世纪末才正式完成,最终形成现今横亘东西、纵贯南北的京杭运河。大运河开凿时间之早、航线之

## 第三章 魏晋至隋唐时期

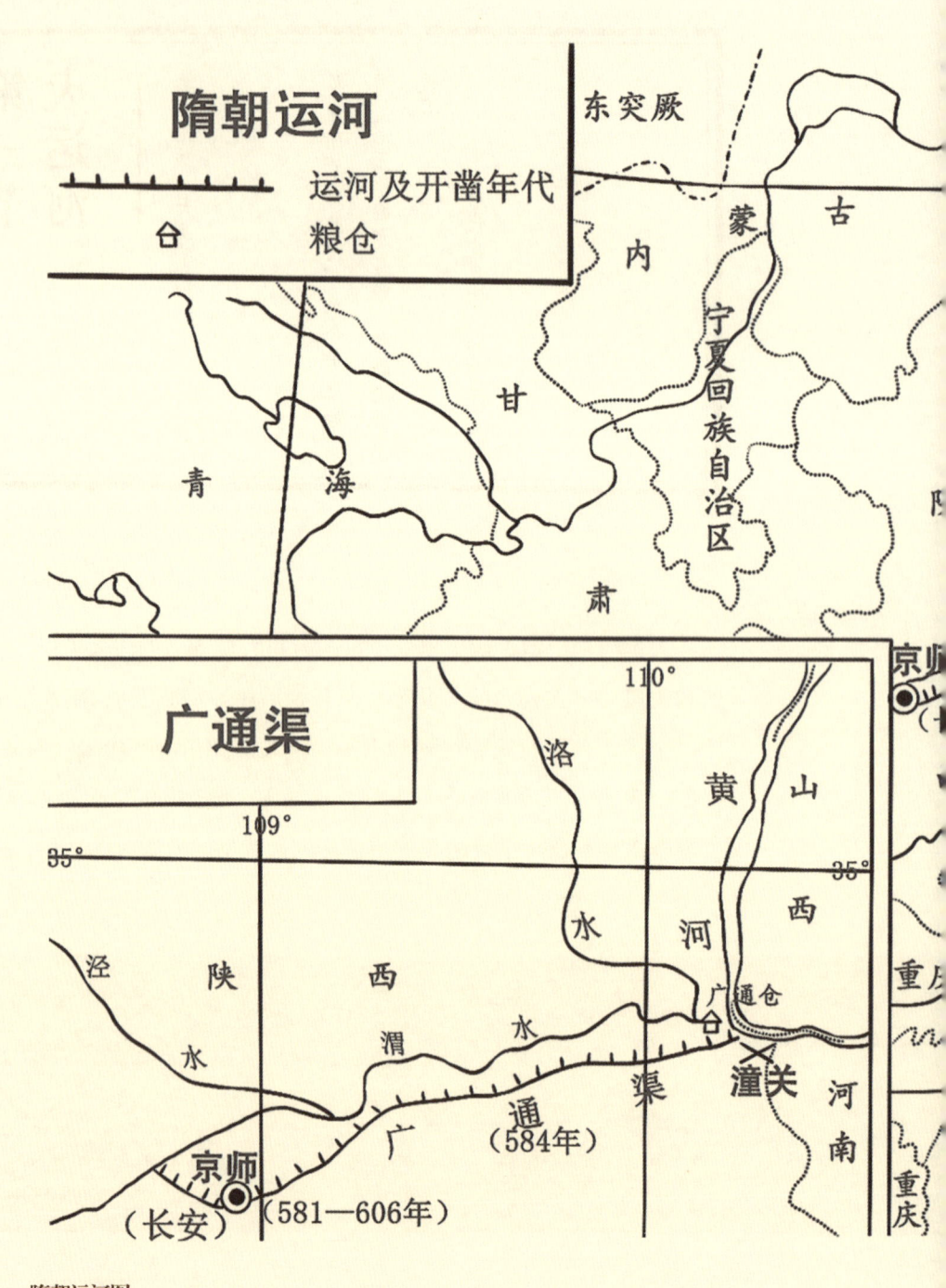

### 隋朝运河

运河及开凿年代
粮仓

东突厥

内蒙古

宁夏回族自治区

青海

甘肃

### 广通渠

110°

洛水

黄河

山西

京师

109°

35°　　　　　　　　　　　　　　　　　　　　　　35°

泾水

陕西

渭水

广通仓

潼关

河南

重庆

广通渠 (584年)

京师（长安） (581—606年)

**隋朝运河图**

| 王宪明参考华觉明，冯立昇《中国三十大发明》·绘 |

092

第一节 大运河

# 第三章　魏晋至隋唐时期

长、载运能力之大、工程设计之精巧以及效益发挥之长久都堪称是世界历史之最。中国大运河的开凿与发展，是中国古代水利科学技术超然于世界的重要标志，对中国国家发展的历史进程更有着深远影响。

## 运河开凿

自西晋八王之乱（291—306），北方少数民族先后在中原地区建立政权，长江以北战乱频仍，经济受到严重破坏。北魏太延五年（439），北方地区基本统一，经济逐渐恢复，但其作为经济重心的地位已经开始动摇。而江南地区经东晋、南朝长久经营，陈朝（557—589）时已是"良畴美柘，畦畎相望，连宇高甍，阡陌如绣"。开皇九年（589），隋灭陈，国家再次完成统一。隋朝建都大兴（今陕西西安），关中地狭，所产粮食和物资无法满足大一统帝国首都的需要。此外，南北方曾长期处于阻隔状态，江南宗族与中央政权之间始终存在着比较尖锐的矛盾，吴会地区（今江浙一带）时常发生叛乱。为转运江南粟帛供给京师，加强中央对地方的政治、军事控制，隋代统治者对前代各段古运河加以疏浚、改建、扩展，并使之相互沟通，是谓"隋朝大运河"。隋朝大运河由广通渠、山阳渎、通济渠、永济渠以及江南运河等河段组成，沟通了海河、黄河、淮河、长江以及钱塘江五大水系。

### 广通渠与山阳渎

隋朝大运河的规划与建设始于隋文帝（581—604年在位）。开皇四年（584），隋文帝令宇文恺（555—612）率水工开凿广通渠，"决渭水达河，以通运漕"，将渭水由大兴城东引至潼关（今陕西渭南），使"转运通利，关内赖之"。开皇七年（587），为统一江南，隋文帝又在古邗沟的基础上，开凿山阳渎。山阳渎南起江都（今江苏扬州），北至山阳（今江苏淮安），沟通了长江和淮河。

### 通济渠

隋炀帝（604—618年在位）即位后，下令兴建东都洛阳，开始营建以洛阳为中心的运河网。大业元年（605），隋炀帝征发河南百余万民夫，在汉代汴渠的基础上，开凿通济渠。通济渠分东西两段，东段起自洛阳西苑（隋炀帝在洛阳宫城之西所修建的皇家园林），引谷水、洛水至黄河，大致是利用东汉张纯（？—56）修建的阳渠运河；西段则是从板渚（今河南郑州）引黄河水，东流经开封，折向东南，再入淮河。通济渠兴建的同时，隋炀帝还征发淮南十余万民夫疏通邗沟，由山阳引淮水经扬子（今江苏扬州）进入长江。据《大业杂记》记载，通济渠"水面阔四十步，通龙舟。两岸为大道，种榆柳，自东都（洛阳）至江都，二千余里，树荫相交"，沿岸建有驿站和离宫，工程于当年秋季即告完工。自此，自洛阳经通济渠至泗州（今江苏盱眙），循淮河而下过山阳，转邗沟至江都，再入长江，最后即可抵达江南地区。

### 永济渠

大业四年（608），隋炀帝"诏发河北诸军男女百余万，开永济渠，引沁水，南达于河北，通涿郡"。永济渠沿途借用卫河、清水、淇水、白沟等天然河道，在历史上首次沟通了黄河与海河。永济渠全长2000余里，全线位于黄河以北，是中国古代北方运河系统的骨干运河。永济渠开通后，从洛阳出发，循永济渠可以抵达北方军事重镇蓟城（今北京），便于东北用兵，控制北方局势。

### 江南运河

大业六年（610），隋炀帝再开江南运河，"自京口（今江苏镇江）至余杭（今浙江杭州），八百余里，广十余丈，使可通龙舟"。江南运河流经的地方，地势平坦，湖泊较多，水源和渠道比较稳定。隋代以后，除局部整修外，其线路基本没有大的变动。

至此，全国形成以首都长安、东都洛阳为枢纽，北抵河北平原，南

## 第三章 魏晋至隋唐时期

至江南地区的运河网络。大业元年至六年（605—610），隋炀帝数兴功作，役者数百万。隋朝骤亡，与隋炀帝不惜民力，开凿大运河有极大关系。然而"在隋之民，不胜其害。在唐之民，不胜其利"。晚唐诗人皮日休（838—883）在《汴河怀古》中写道："尽道隋亡为此河，至今千里赖通波。若无水殿龙舟事，共禹论功不较多。"认为隋朝开凿的大运河是可以比拟大禹治水的功绩，极言其意义之重大。英国科学史家李约瑟（Dr. Joseph Needham，1900—1995）在《中国之科学与文明》中论及隋朝大运河时，也评价说：

> 在隋代各项建设事业中，规模最大且影响后世最深的，是连接南北长约1800千米的大运河，成为隋代以后直到现代铁道公路交通兴起以前的中国大陆南北交通大动脉，在促进国家的政治、经济、文化发展各方面贡献至巨。

## 运河发展

唐宋时期，全国运河网络继续发展。大运河在财赋转运，沟通南北经济文化联系上的作用日益明显。唐高祖、太宗（618—649）年间，国家节用财物，"水路漕运，岁不过二十万石"。经过裴耀卿（681—743）等人改革漕运，天宝二年（743），年漕运量则增至四百万石，为唐朝漕运之最。及至北宋，建都汴京（今河南开封），水运便利。为更紧密地将北方的军事政治重心与南方的经济重心联系起来，北宋王朝重点对汴渠和淮扬运河（古邗沟）展开治理，其中尤以对汴渠用力为多。南宋建都临安（今浙江杭州），于是浙东运河成为南宋王朝的生命线。浙东运河为西晋会稽内史贺循（260—319）所开凿的西陵运河故道，西起西陵（今浙江杭州萧山西兴镇临浦峙山），东抵曹娥江，沟通了钱塘江、曹娥江、甬江水系。自此，浙东运河也纳入全国运河网络的水运系统之中。

**唐代的漕运改革**

唐朝初年，江淮漕船需先经由通济渠运至洛阳含嘉仓，改为陆运后，过陕州（今河南三门峡），再装船溯河入渭，抵达长安。转运过程中，"多风波覆溺之患，其失常十七八"。而陕州境内的三门峡河道，"水流迅急，势同三峡，破害舟船，自古所患"，难以通漕，而陆运每两斛[①]粟米就要耗资千钱。唐高宗（649—683年在位）时期，国用渐广，每年漕运不断增加。显庆元年（656），唐高宗"发卒六千人""开砥柱三门，凿山架险"。其后，杨务廉（生卒年不详）又在陕州"凿山烧石，岩侧施栈道牵船"。当时，主要是针对三门峡河道的险滩加以治理，可是收效甚微，通漕仍有困难。

其实，漕运困难之症结在于，大运河各段河道深浅以及涨落时间不一，漕船辗转进入各段河道时，往往需要长时间等候，以致转运效率低下，漕粮损耗严重。开元二十一年（733），裴耀卿（681—743）上疏唐玄宗（712—756年在位），提出"节级取便"的转运方式。裴耀卿建议改全程直运为分段运输，江南漕船到黄河后卸粮即回，再由黄河漕船分送至长安和洛阳。裴耀卿管理漕运三年，向关中运送漕粮七百万石，节省陆运佣钱三十万缗[②]。

唐代宗（762—779年在位）时期，刘晏（718—780）再次整顿漕运，疏浚运河，并对裴耀卿分段运输方式进行优化。刘晏将漕运航线划分为长江、汴水、黄河、渭水四个河段，"江船不入汴，汴船不入河，河船不入渭"，江南漕船先运送漕粮至扬州粮仓，再由汴水漕船转运至河阴（今河南郑州）粮仓，而后由黄河漕船运输至渭口（今陕西渭南市渭水注入黄河处）粮仓，最终由渭水漕船运送到长安太仓，各段河道的漕船均可根据具

---

[①] 1斛=1石。

[②] 1缗=1000钱。

体水情择机行船，缩短了漕运时间，提高了运输效率。同时，为充分发挥各段河道分段运输的优势，刘晏又根据各水系不同的河床条件，建造适合各地水情的运输船只。譬如，在汴河使用"歇艎支江船"，平底浅舱，可载重千斛，适应在水流稳定的汴河使用。在黄河三门峡险滩则使用"上门填阙船"，船体坚固，适宜在水流湍急、险滩较多的三门峡河道使用。经过刘晏的改革，漕运复通，"岁转粟百一十万石，无升斗溺者……岁省十馀万缗"。刘晏的转运方式也成为唐代中后期漕运的基本程式。

**北宋的汴河治理**

北宋时期，建都汴京（今河南开封），汴河流经汴京，"漕引江、湖，利尽南海，半天下之财赋，并山泽之百货，悉由此路而进"，是当时最重要的人工运河。汴河的年漕运量，一般为四五百万石，最高则达七百万石，这不仅是北宋岁漕的最高纪录，也是中国古代历史上的漕运之最。

汴口位于孟州河阴县南（今河南荥阳市），为黄河入汴处。自此，东引黄河水至开封，然后分为南、北两支：北线东过曹州（今山东曹县）、济州（今山东济宁）到梁山（今山东东平县），通齐鲁漕运；南线即为隋朝所开凿的通济渠河道，东南经宋州（今河南商丘）、宿州，由泗水入淮河，通江淮漕运。

汴河水源主要取于黄河，黄河暴涨暴落、含沙量大，因此导致汴河河道泥沙淤沉，渐成地上悬河，水势盛则决溢成灾，水势衰则漕船难行。于是，北宋先民首创狭河和导洛通汴的方式疏浚汴河。

狭河工程是指以木桩、木板为岸，束狭河身，既保护堤岸，又加速水流，抬高水位，减少河道泥沙淤积。据《续资治通鉴长编》记载，"狭河"的思想最早提出于大中祥符八年（1015）。当时，宋真宗（997—1022年在位）派遣使臣勘测汴河疏浚事宜，使臣还奏时，提出"于沿河作头踏道擗岸，其浅处为锯牙，以束水势，使水势峻急，河流得以下泻"，即在汴河宽阔水浅处，修筑锯牙形堤岸，束狭河身。这实际上

## 第一节 大运河

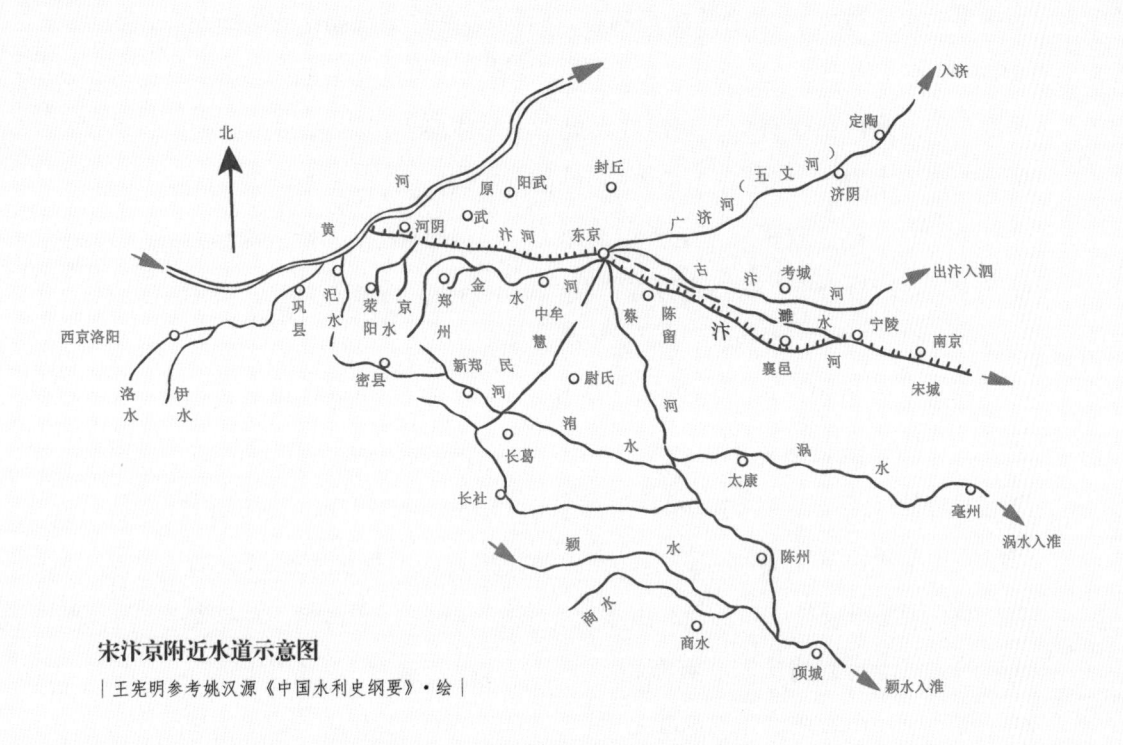

**宋汴京附近水道示意图**
| 王宪明参考姚汉源《中国水利史纲要》·绘 |

**清汴工程示意图**
| 王宪明参考郭涛《中国古代水利科学技术史》·绘 |
1. 溢流坝；2. 御黄坝；3. 黄汴运口闸；4. 引水渠；5. 堵塞原黄河旧汴口；6. 水柜；7. 泄水斗门。

099

## 第三章 魏晋至隋唐时期

是后世"束水攻沙"理论的初步阐释。狭河工程的实践始于嘉祐元年（1056），宋仁宗（1022—1063年在位）诏令"三司自京至泗州置狭河木岸，仍以入内供俸官史，昭锡都大提举，修汴河木岸事"，进一步明确为"狭河木岸"。司马光（1019—1086）的《涑水记闻》对狭河工程也有所记载：都水监张巩（生卒年不详）"大兴狭河之役，使河面具阔百五十尺，所修自京东抵南京以东已狭，更不修也，今岁所修止于开封县境"。可见，狭河工程对于汴河疏浚效果明显。

导洛通汴工程（以下简称为"清汴工程"）是通过改变汴河水源的方式，即节流黄河浑水而改引伊河、洛河清水入汴河，来达到疏浚汴河的目的。元丰二年（1079），宋神宗（1067—1085年在位）任用宋用臣（生卒年不详）为都大提举，实施清汴工程。工程主要措施包括：①开渠。堵塞洛口与汴口，新开引水渠引洛水入汴河。②蓄水。在地势较高的索河上游兴建房家、黄家和孟王三座水柜（水库），并引索河河水存蓄其中，作为补给汴河水源之用。③筑堤。引水渠开凿于黄河南岸滩地，与黄河平行，因此必须在黄河南岸筑堤防洪，保证渠道安全。大堤西起神尾山，东至土家堤，全长20千米。④整治汴河河槽。由于汴河被泥沙淤塞，水流散漫，航运受阻，于是在汴河河槽每二十里建一束水刍楗，每百里置一水闸，节制水流，增加水深。⑤整治氾水入黄旧口。上下建闸，作为黄河与汴河通航的新通道。

清汴工程于元丰二年（1079）三月兴工，六月完成。此后，汴河以清水为源，"波流平缓，两堤平直，溯行者道里兼倍。官舟既无激射之虞，江淮扁舟，四时上下，昼夜不绝，至今公私便之"，工程效益显著。清汴工程综合应用了测量、开渠、置闸、防洪、水柜等多项运河技术，是中国古代运河技术在11世纪最高水平的代表。

## 第一节 大运河

## 运河贯通

元朝定都大都（今北京），"去江南极远，而百司庶府之繁，卫士编民之众，无不仰给于江南"。元朝初年，江南漕粮转运进京，主要经行两途：一是海运至直沽（今天津）再转陆运进京；二是溯黄河逆流而上至中滦镇（今河南封丘），再转陆运至淇门（淇水与卫河交汇处，今河南浚县西南），入御河北上转白河（今北运河）至通州，最后抵达大都。然而海运和水陆转运，无不迂远艰难，"岁若干万，民不胜其悴"。于是，元朝统治者开始对大运河进行重新规划设计，改隋、唐、宋时期的"弓"形大运河为南北直线，使其不必绕道中原，而是可以自淮北直穿山东，进入华北平原，抵达大都。自至元十三年（1276）始，先后开凿济州河、会通河以及通惠河。至元三十年（1293），元代大运河全线贯通，江南漕船从杭州出发，向北越过长江、淮河、黄河，就可以直达大都，即著名的京杭运河。

### 郭守敬对京杭运河的可行性规划

自中统年间（1260—1264），国家陆续对各段运河进行疏通。江南运河和邗沟段基本完整可用，永济渠北段也可通航，淮北至鲁南则有泗水等天然河道。如此，大都至江南地区，仅有大都至通州以及河北御河（今卫河）至山东泗水之间未能通航。这两段就是后来通惠河和会通河的经行线路，虽然里程不长，但却跨越山东地垒，是京杭运河全线中地势最高、施工难度最大的两段。

郭守敬（1231—1316）是京杭运河的缔造者、总规划和设计师。至元十二年（1275），元相伯颜（1236—1295）南征伐宋，为解决军事转运，派遣都水监郭守敬"行视河北、山东可通舟者"。郭守敬勘察了东平方圆800千米的地区，北至临清，西南抵御河起点（今河南卫辉市），东南至吕梁，"乃得济州、大名、东平泗、汶与御河相通形势，为图奏

101

## 第三章 魏晋至隋唐时期

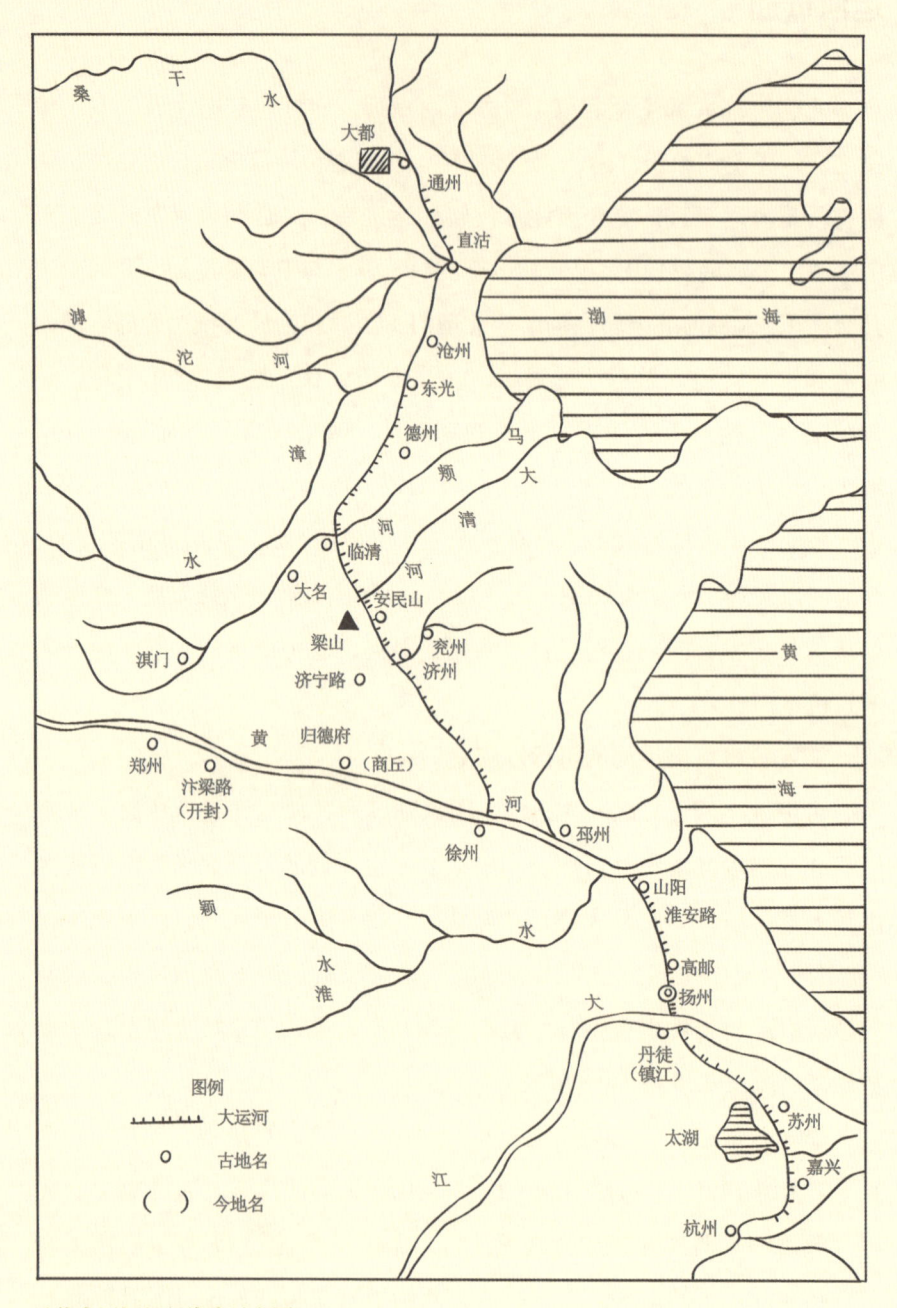

**元代大运河经行线路示意图**

王宪明参考邹宝山，何凡能，何为刚《京杭运河治理与开发》·绘

之"。经过勘察，郭守敬确认御河、汶水（今大汶河）、泗水、黄河四河相互沟通的可行性，即将汶水引导适当地点入运河，再分流南北与泗水和御河衔接。在勘察过程中，郭守敬还"以海面较京师至汴梁地形高下之差"，是世界上最早明确提出以海平面为基准的海拔标准概念，早于西方近600年。

### 济州河与会通河

至元十三年（1276），济州河工程动工，于至元二十年（1283）完工。济州河工程先后由来阿八赤（？—1288）和奥鲁赤（1232—1297）主持，当时也称"东平府南奥鲁赤新修河道"。济州河自济州引汶水、泗水北上至东平路须城（今山东东平）合大清河。为保证航运通畅，顺利翻越山脊，济州河还沿河置闸，节蓄水流。济州河的开通，证实了跨流域调水、配水规划的合理，为后来运河最终实现御、汶、泗贯通和顺利穿越水资源贫乏地区跨出关键一步。

济州河开通后，其北至临清仍然只能依靠陆路转运，"其间苦地势卑下。遇夏秋霖潦，牛偾（fèn）輹（fù）脱，艰阻万状"。至元二十六年（1289）正月，会通河工程动工，同年六月完工，南接济州河，北至

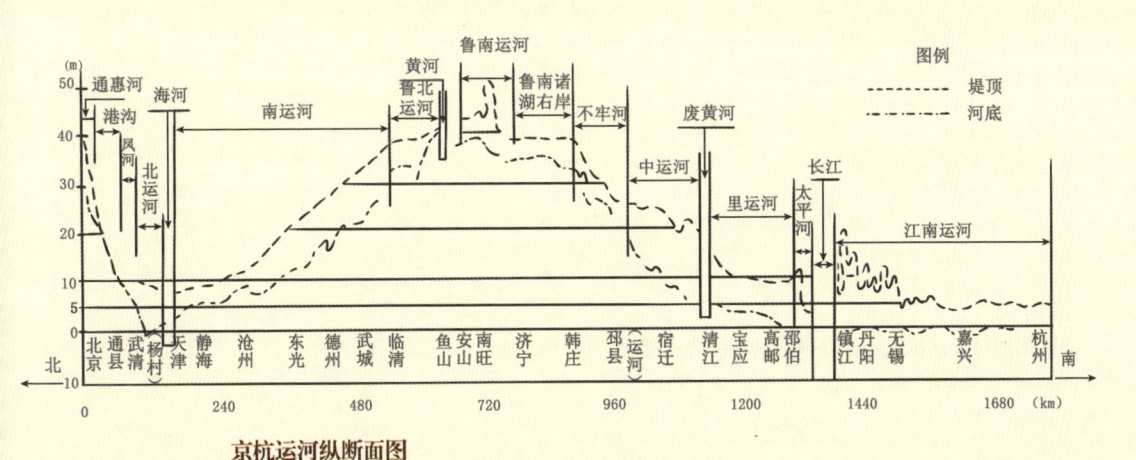

**京杭运河纵断面图**

| 王宪明参考邹宝山，何凡能，何为刚《京杭运河治理与开发》·绘 |

## 第三章 魏晋至隋唐时期

临清,沟通御河,长二百五十余里。后来,会通河与济州河以及南至徐州的运河河段,统称为会通河。会通河自开通后,始终受汶水水源不足和黄河侵淤的困扰,以致岸狭水浅,不任重载,南北运输仍旧以海运为主,京杭运河的工程效益难以充分发挥。

会通河与济州河相接,是京杭运河中最为关键的一段工程。A. W. 斯肯普顿(A. W. Skempton)在《技术史》的"1750 年前的运河与河道航

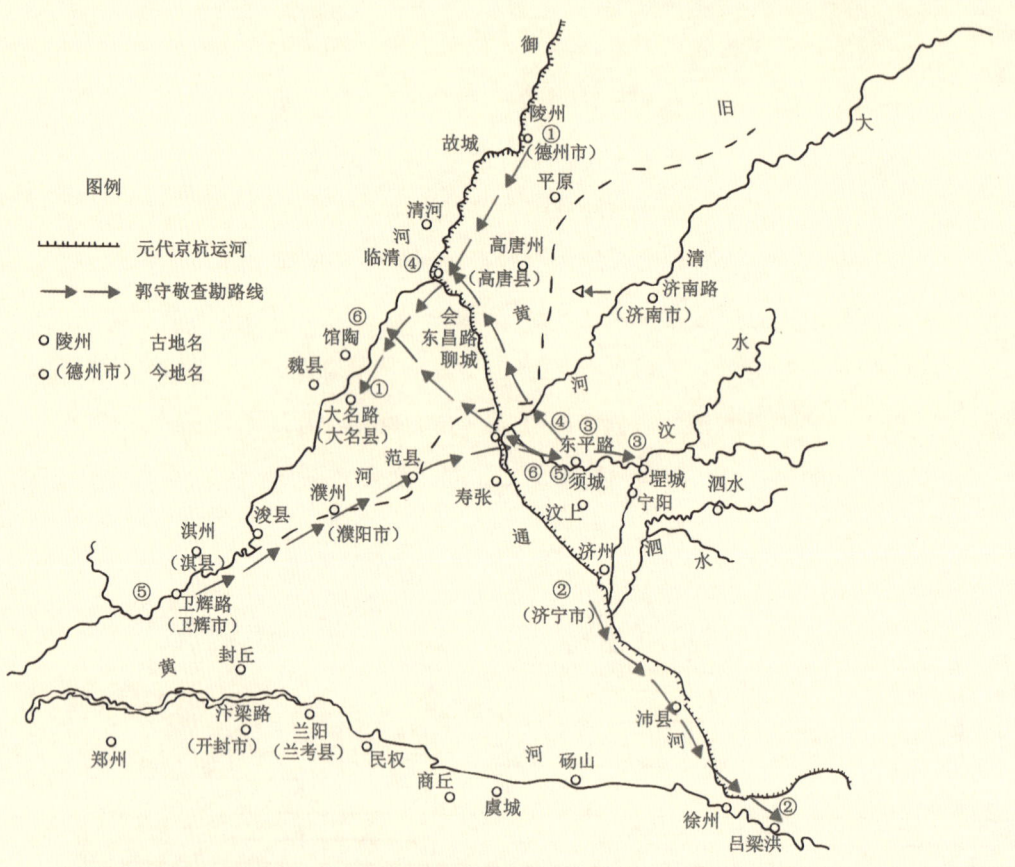

**京杭运河可行性论证中郭守敬的勘察路线示意图**
| 王宪明参考华觉明,冯立昇《中国三十大发明》·绘 |

郭守敬勘察线路经行:①陵州(今山东德州)至大名(今河北大名);②济州(今山东济宁)至吕梁(今江苏徐州东南);③东平至纲城(今山东堽城);④东平、清河至御河(今卫河);⑤卫州御河至东平;⑥东平西南水泊至御河。

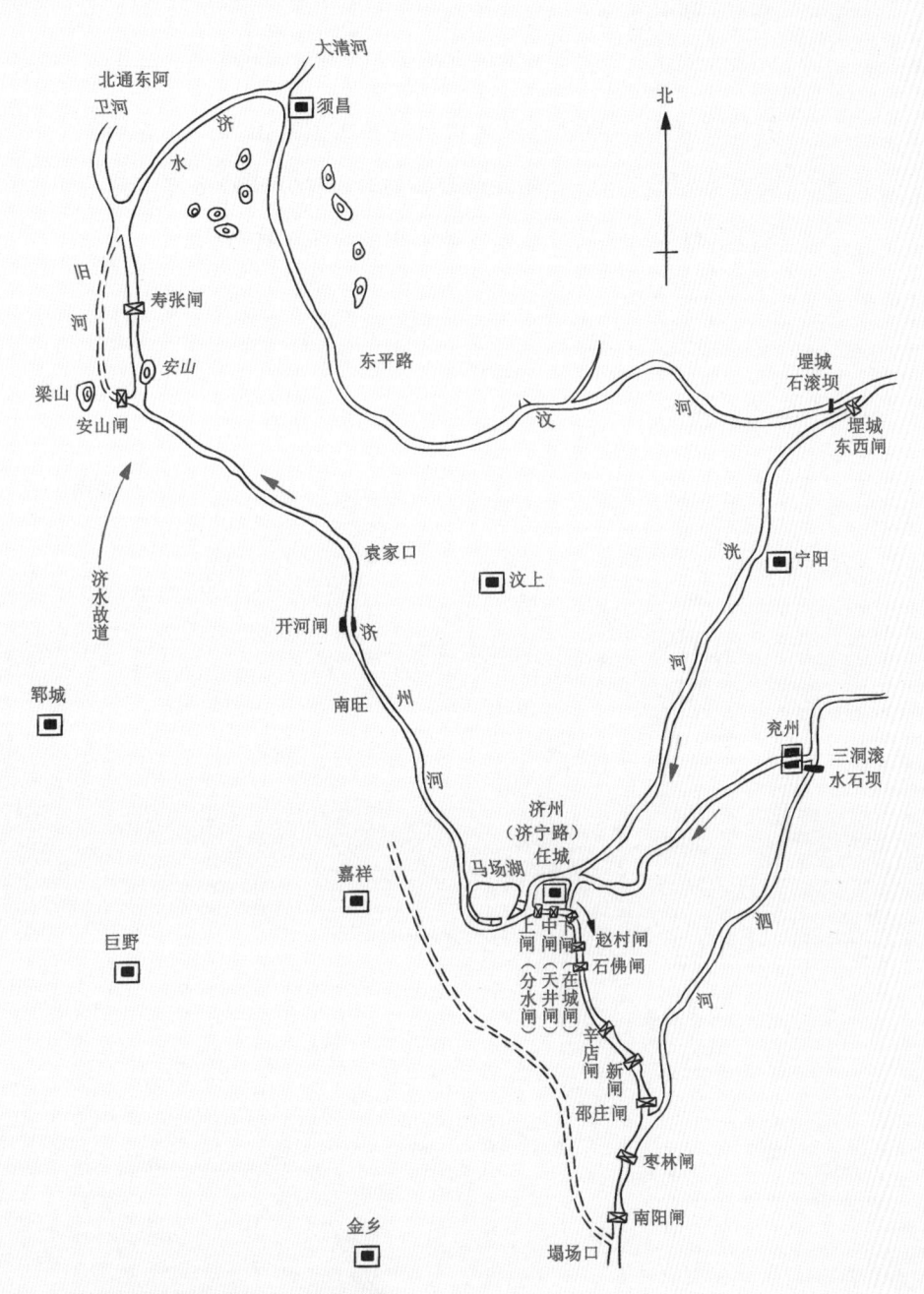

**元明清时期的会通河（原济州河段）**
| 王宪明参考姚汉源《京杭运河史》·绘 |

## 第三章 魏晋至隋唐时期

运"一章中评价会通河的开通时，说道：

> 在1283年竣工的那一段运河越过了山东的山岭，是最早的'越岭'运河。……在分开两条河的分水岭顶峰修运河，要大胆地想象和在顶峰提供充足水源的相当的施工技巧。

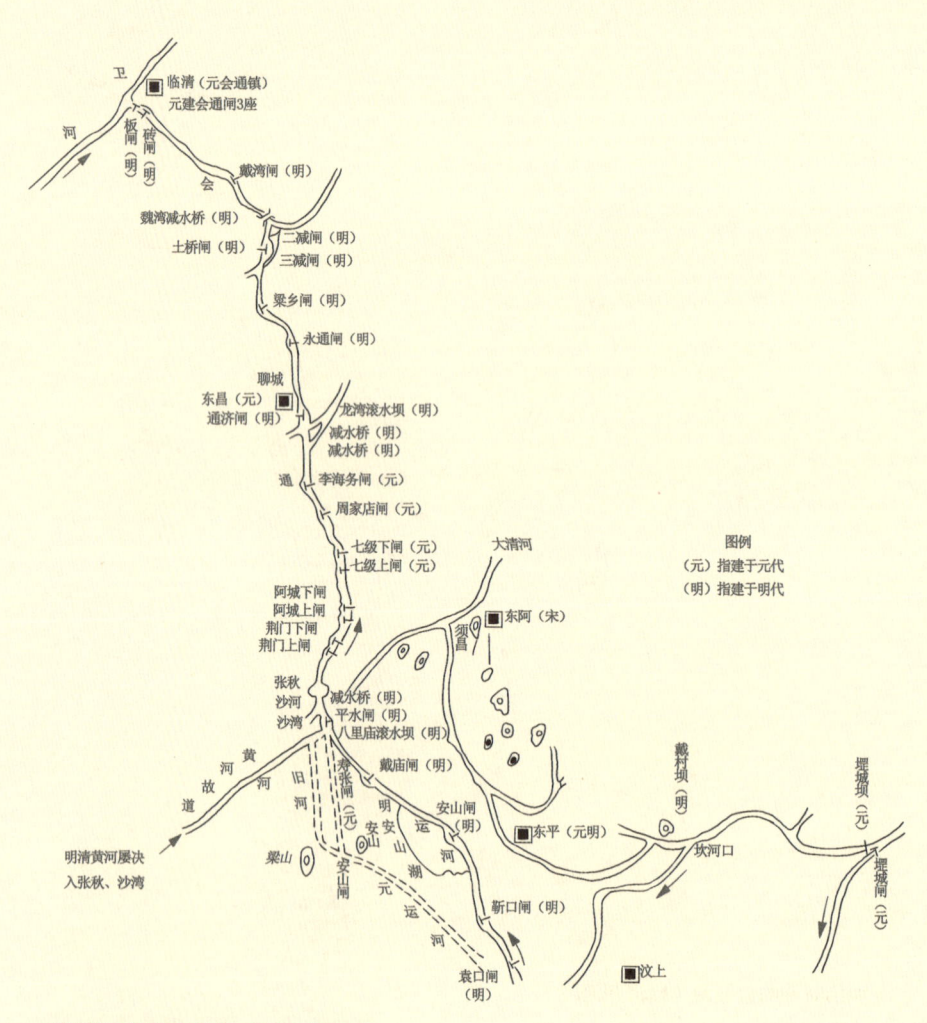

**元明清时期的会通河（原会通河段）**
| 王宪明参考姚汉源《京杭运河史》·绘 |

在会通河工程中，为解决坡降较大地形所带来的航运问题，使用了梯级船闸技术。所谓梯级船闸，就是成系列的单闸，相邻闸门"互为提阏，以过舟止水"。元代在会通河上建闸 31 座，在泗水、汶水、洸河、府河、盐河等天然河道上建闸 13 座，形成梯级船闸。这些船闸，最早建于至元二十六年（1289），最晚建于至正元年（1341），是世界上最早使用的梯级船闸，比西方同类船闸早约 350 年。

**梯级船闸**
| 王宪明参考查尔斯·辛格《技术史》第 II 卷·绘 |

# 第三章　魏晋至隋唐时期

### 通惠河

随着济州河和会通河的开通，江南漕船可以直达通州，距离大都仍有50里陆运路程。至元二十九年（1292），朝廷任命都水监郭守敬主持通惠河工程的设计与施工。同年，通惠河工程开工，元世祖忽必烈（1271—1294年在位）效仿汉武帝堵塞瓠子（今河南濮阳）决河的仪式，命"丞相以下皆亲操畚锸（běn chā，畚，盛土器；锸，起土器）"到开河工地。通惠河"自昌平县白浮村引神山泉，西折南转，过双塔、榆河、一亩、玉泉诸水，至西门入都城，南汇为积水潭，东南出文明门，东至通州高丽庄入白河，总长一百六十四里一百四步"。至元三十年（1293），通惠河工程竣工，京杭运河的全线通航，江南漕船可以直接驶入大都城内的积水潭。当时积水潭中船舶汇集，盛况空前，元世祖亲临积水潭，"见舳舻蔽水，天颜为之开怿"，即赐名为通惠河。与会通河工程相同，通惠河工程也面临水源不足和地形高差问题，于是在河道上设置单门船闸24座，间距500米至2500米不等，保证了漕运水道的畅通。

元代的大运河，北起大都，南至杭州，中间包括通惠河、御河、会通河、济州河、淮扬运河、江南运河等河段，并利用了潞河、洸水、泗水、黄河等天然河道，全长约2000千米，成为贯通南北的一条大动脉，奠定了京杭运河的基础。

## 运河治理

明清定都北京，京杭运河成为沟通南北的交通命脉。永乐年间（1403—1424），会通河的水源问题初步得到解决，漕运渐趋稳步发展。同时，黄河屡屡溃决，对运河构成严重威胁。为避开黄河对运河的侵扰，明清两代先后开凿南阳新河、泇河和中运河，最终实现运河对黄河的脱离。此外，明清时期，运河与黄河、淮河等大江大河平交，特别是

**通惠河漕运图卷**

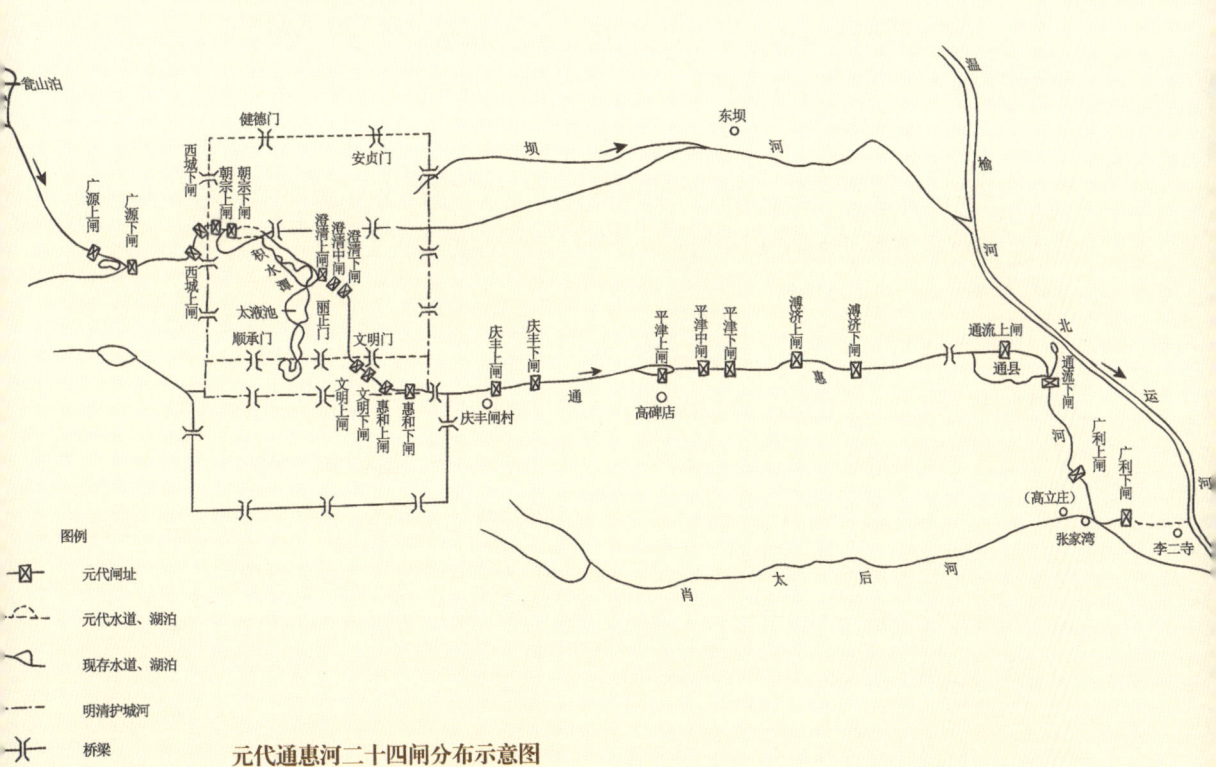

**元代通惠河二十四闸分布示意图**

王宪明参考姚汉源《京杭运河史》·绘

图例:
- 元代闸址
- 元代水道、湖泊
- 现存水道、湖泊
- 明清护城河
- 桥梁

## 第三章　魏晋至隋唐时期

黄、淮、运交汇的清口，如何保持航运畅通，是世界级的难题，工程技术极其复杂。因此，明清时期京杭运河的建设，重点围绕会通河水源问题的解决、运河与黄河的分离及清口枢纽工程的治理展开。

### 南旺分水枢纽工程

元代开凿的会通河，受困水源不足，未能实现济运。洪武二十四年（1391），黄河又在原武（今河南原阳）决口，漫水东灌，会通河尽被泥沙淤积。永乐年间，国家动议迁都北京，宫廷百府之需，官俸军食之用以及营建北京城所需之建材，皆仰仗南方诸省供给。由于海道险远，陆道靡费，重开京杭运河遂成国家急务。

永乐九年（1411），工部尚书宋礼（？—1422）奉命治理会通河，采用汶上县"老人"[①]白英（1363—1419）的建议，在南旺建造分水枢纽工程。南旺分水枢纽工程解决了会通河济宁以北河段水源不足的问题，有效实现了京杭运河的漕运通畅，"（永乐）九年，道大通。浅船约万艘，载约四百石，粮约四百万石，浮闸，从徐州至临清，几九百里，直涉虚然，为罢海运"。同时期，世界上其他国家还远没有能爬坡越岭的人工运河。南旺分水枢纽是大运河上科技含量最高的古代水利工程，被后人誉为"运河都江堰"。

南旺分水枢纽工程主要措施包括：①修筑戴村坝。戴村坝位于汶水下游，"横亘五里"，拦截汶水西汇南旺。②开凿小汶河。小汶河北起大汶河南岸，南至南旺（会通河的至高点），长约90千米。虽然小汶河上、下游落差较大，但其河道迂曲多弯，滩浅而宽，坡降在0.08‰左右，流速适当，不冲不淤。③建造分水工程。南旺段运河水量北少南丰，为控制南北水量的分流，于是在小汶河与运河交汇的丁字口对岸筑砌迎水石

---

[①] 运河沿线，每隔一定距离，都要派驻一定数量的民夫负责养护水利设施，引导过往船只顺利通行。每十名民夫设置一名负责人，称作"老人"。

第一节 大运河

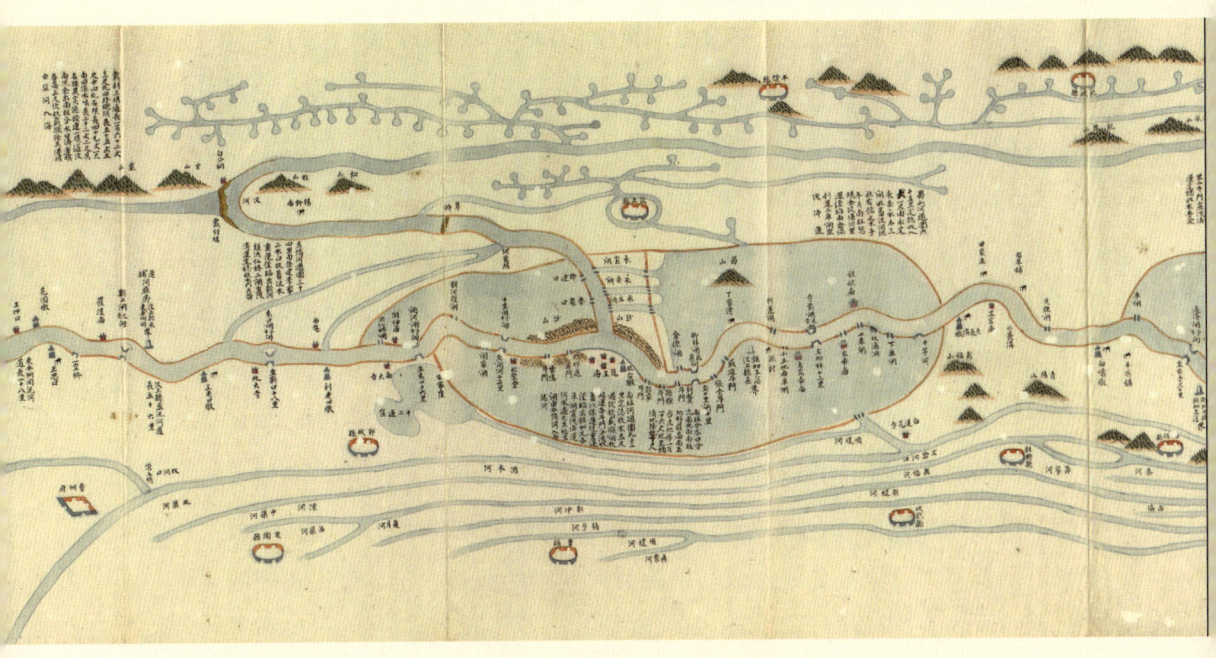

南旺分水枢纽工程图·《江苏至北京运河全图》，清代彩绘纸本

堤，石堤中间的河底是一个鱼嘴形的"石鲅"（分水尖），改变石鲅形状、方向和位置，即可调整大运河南北分流的比例。实现"七分朝天子（向北），三分下江南（向南）"的分水控制目标。④导泉补源。汶、泗、沂诸水发源的鲁中地区，地下水蓄藏丰富。宋礼和白英疏导水泉，汇集入运，以补运河水源之不足。⑤运河东岸开辟水柜，西岸设置水闸。将南旺、蜀山、马踏、马场、安山等北五湖辟为水柜，在元代旧闸基础上，"相地置闸，以时蓄洪"，水闸共计38座，使会通河节节蓄水，适应通航需要。

### 黄运分离工程

会通河在徐州与黄河交汇，徐州至山阳则是利用黄河河道行运。黄河时常向北泛滥，冲毁会通河运道，致使漕运梗阻。自嘉靖四十五年（1566）至康熙二十七年（1688），先后开凿南阳新河、泇河以及中（运）河，最终实现运河对黄河的脱离。

111

## 第三章　魏晋至隋唐时期

嘉靖六年（1527），左都御史胡世宁（1469—1530）最早提出"避黄行运"的思想，即将南阳以南至留城的运河，由昭阳湖西改到昭阳湖东，避开黄河洪水的冲淤，以昭阳湖作为滞蓄洪流的地方。嘉靖七年（1528），总督河道右都御史盛应期（1474—1535）综合多方意见，上奏朝廷请开南阳新河。然而遭遇旱灾，盛应期又督工过严，怨声四起，于是群臣多谓不应再续开新河，朝廷最终罢免盛应期，停止新河工程。南阳新河的初开以失败告终。直至嘉靖四十五年（1566），南阳新河工程才由朱衡（1512—1584）主持继续实施。次年，南阳新河凿成，"自留城而北，经马家桥、西柳庄、满家桥、夏镇、杨庄、鹁朱梅、利建七闸，至南阳闸合旧河，凡百四十里有奇"。南阳新河的开凿，使会通河河道同黄河河道完全分开，成功消除黄河侵淤的威胁。正如隆庆年间的总理河道翁大立（1517—1597）所言：

> 新河之成胜于旧河者，其利有五：地形稍仰，黄水难冲，一也；津泉安流，无事提防，二也；旧河陡峻，今皆无之，三也；泉地既虚，黍稷可艺，四也；舟楫利涉，不烦牵挽，五也。

洳河·《江苏至北京运河全图》，清代彩绘纸本

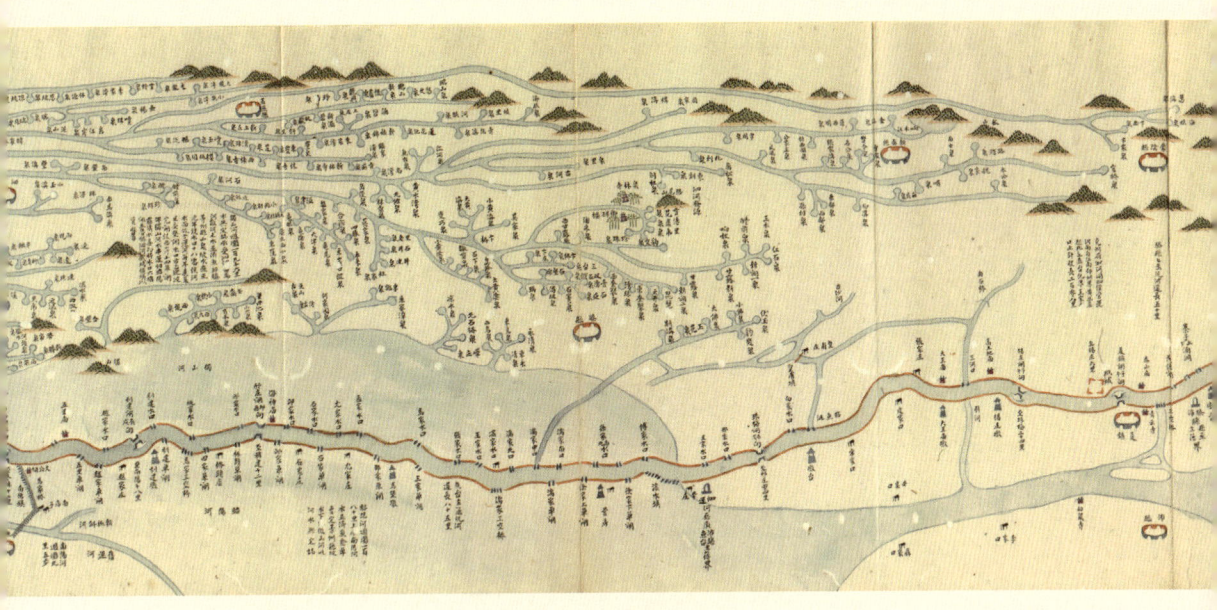

第一节 大运河

**南阳新河·《江苏至北京运河全图》,清代彩绘纸本**

隆庆年间(1567—1572),黄河在沛县(今江苏徐州西北)决口,漕运阻塞。总理河道翁大立提议开凿泇河,使运河自夏镇(沛县县治)以南避开徐州段黄河,直接通邳州。当时朝廷内部分为治河派和治运派,泇河之议遭到治河派潘季驯(1521—1595)等人的极力反对。直到

## 第三章 魏晋至隋唐时期

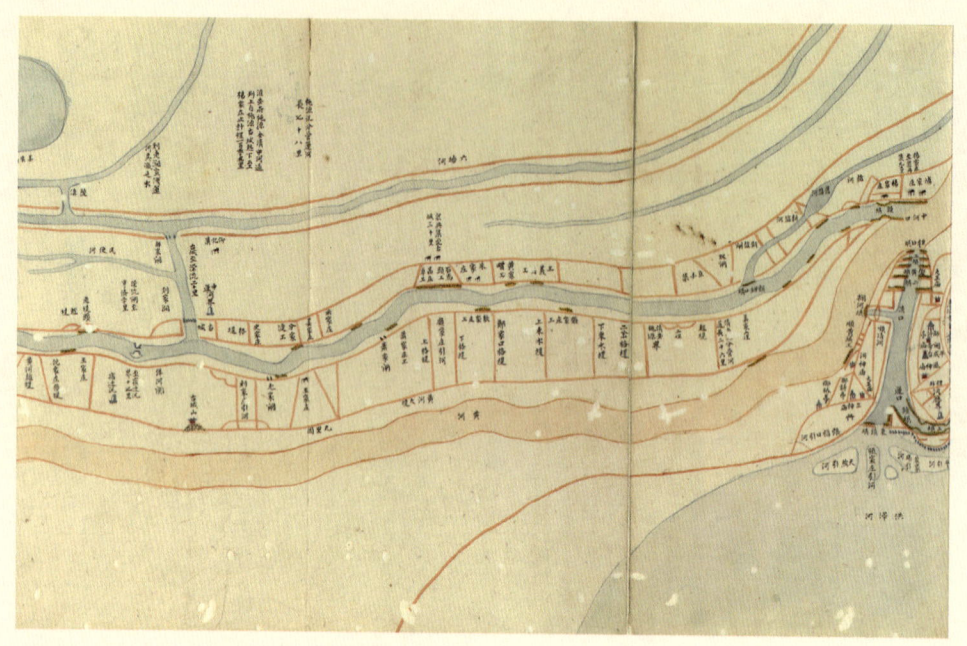

**中河·《江苏至北京运河全图》，清代彩绘纸本**

万历三十三年（1605），泇河工程才由当时的总理河道曹时聘（1548—1609）继续完成。泇河自夏镇东十里李家口接南阳新河，东南通宿迁之黄墩湖、骆马湖出直河口入黄河，共130千米。泇河的开通，避开了黄河决口的隐患及徐州、吕梁险段，成为京杭运河中段（鲁南、苏北段）的主航道。清代康熙年间（1661—1722）的河道总督靳辅（1633—1692）曾言道："有明一代治河，莫善于泇河之绩。"

泇河开凿后，邳县（今邳州市）以南至清口（今江苏淮安），仍有200余里水路借道黄河行运。自康熙二十五年（1686），河道总督靳辅在明代泇河工程基础上，自张庄运口（今江苏宿迁支河口）经骆马湖口开渠，经宿迁、桃源到清河仲家庄入黄河。工程于康熙二十七年（1688）竣工，称为"中（运）河"，"粮船北上，出清口后，行黄河数里，即入中河，直达张庄运口，以避黄河百八十里之险"。至此，京杭运河运道全部脱离黄河，仅在清口一地存在黄、运交汇关系。

**清口水利枢纽工程**

京杭运河、淮河以及黄河，三者汇于清口，漕船经由清口穿越黄、淮北上，为漕运咽喉所在。明清时期，黄河河床不断淤高，黄河水位不断抬升，形成对淮河和运河的压迫，淮水进入不了运河，漕运不畅。特别是汛期在黄河洪水泥沙的威胁下，漕船通行清口，更是艰难。为此，明清两代在清口修筑大量工程，基本维持了运道的畅通。主要工程措施有三个：一是移建运口，避免黄河顶冲和漫灌沙淤；二是修建束水和挑溜工程，引清水冲刷清口淤沙和挑溜冲刷河道；三是疏浚清口交汇处河道，使其泄水通畅。明清两代持续的工程建设，清口地区形成了庞大的水工建筑群，形

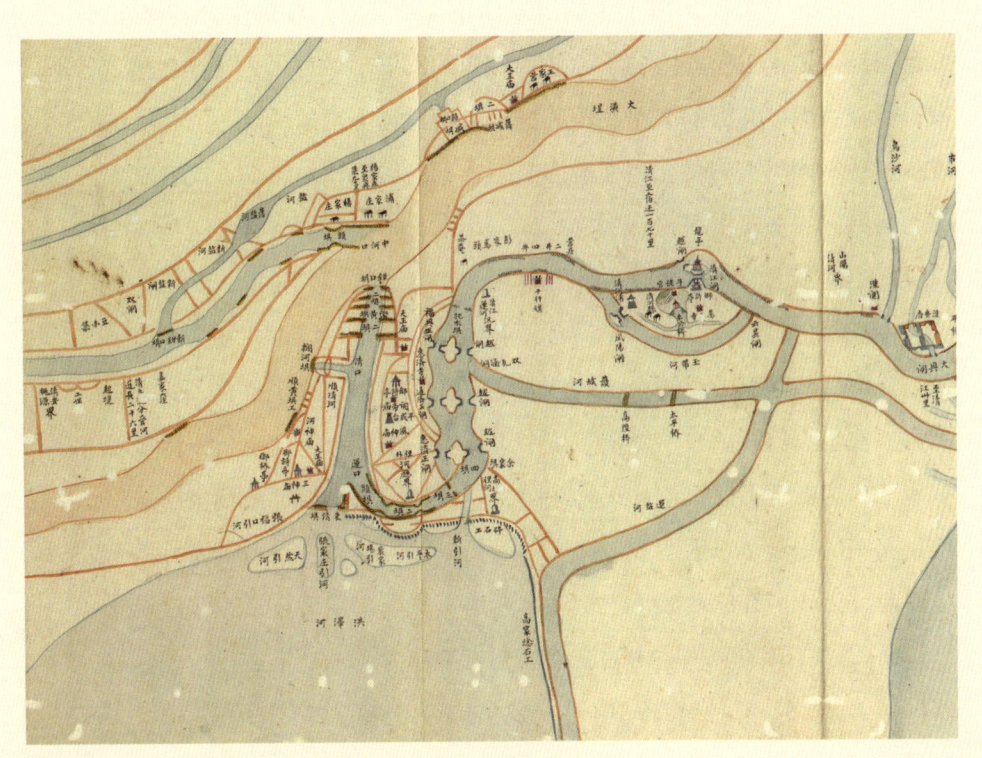

清口枢纽工程·《江苏至北京运河全图》，清代彩绘纸本

成世界上迄今为止最复杂的工程体系。枢纽工程的主体高家堰大坝，坝长约60千米，部分堤段高达15—20米，在没有出现钢筋水泥结构前，是世界范围内最高的砌石坝之一，是17世纪以前世界坝工史上具有里程碑意义的大坝建筑。由此形成的洪泽湖，成为具有蓄水、冲沙、泄洪等功能的水库，现代水库所有的工程特性基本具备。清口枢纽完善的工程体系，成为当时中国水利规划设计与工程、管理技术的最高成就。

## 历史意义

大运河在千余年的发展演变中，对中国古代历史的影响是多方面的。大运河是国家南北水上交通的大动脉，紧密连接起国家的政治中心与经济重心，建立了历时千年的漕运体系，维持着王朝的生命。此外，大运河还促进了沿岸城市的工商业和农业的发展，孕育了一座座名城古镇，积淀了深厚悠久的文化底蕴。这些影响促进了国家的统一与社会的进步，使不同类型的文化相互碰撞与融合，对民族团结、商业交流、中外沟通都起到重要作用。

**促进国家南北经济流通，维护国家政权稳定**

中国自古以农业立国，自给自足的小农经济是中国古代社会最主要的经济形式。国家的财源主要依靠向地方征收谷物以及绢、棉、麻、布等物。在中央集权的政治制度下，中央政府、贵族、军队主要集中于首都地区，为保证国家机器的正常运转，需要地方政府将征收物资输送京师。大宗实物输送以水运为最适合，于是漕运应运而生。隋炀帝开凿大运河后，为转运和储藏粟帛，于洛阳修建含嘉仓、回洛仓，在洛口设立洛口仓。1971年，河南省考古工作者曾对隋唐含嘉仓遗址进行发掘。据统计，含嘉仓共有粮窖250座，大者储粮万石，小者数千，其中"窖160"至今还存有50万斤已炭化的种子。据《资治通鉴》记载，洛口仓

**含嘉仓铭砖拓片**

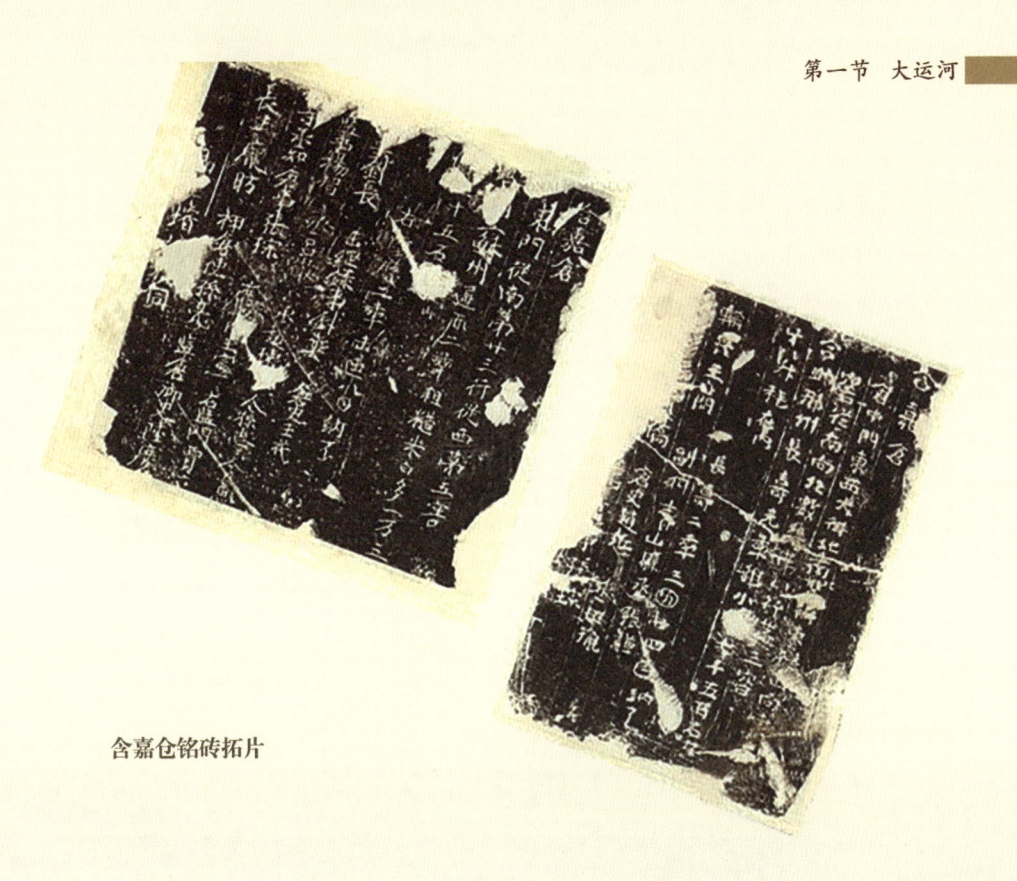

"巩东南原上,周回二十余里,穿三千窖,窖容八千石以还"。回洛仓则建于"洛阳北七里,仓城周回十里,穿三百窖"。这些粮仓规模之大,也从侧面反映了大运河的转运能力。

唐、宋、明三代经由大运河转运的漕粮每年都多达数百万石。元代,会通河受困于汶水水源不足和黄河侵淤的问题,南北运输仍以海运为主,当时漕运量每年三百万石,经京杭运河转运者不及十分之一。明代后期,税制改革,田赋折合银两征收。清代康熙年间,国家一年财政收入为七千万两白银,漕运则占三分之二。康熙皇帝将漕运与三藩、河务并称三大事,并"书而悬之宫中柱上""夙夜勤念"。可见,大运河是中国古代封建王朝的经济大动脉,发挥着重要的漕运价值。

### 促进国家政治中心的形成

开封旧时为战国时期魏国首都大梁,魏惠王(公元前370—前319年在位)自大梁开鸿沟,沟通黄、淮两大水系,大梁成为中原地区的

## 第三章 魏晋至隋唐时期

水运交通枢纽，农业、商贸迅速发展，"人民之众，车马之多，日夜行不绝，輷輷（hōng，许多车辆的声音）殷殷，若有三军之众"。秦王政二十二年（公元前225年），秦将王贲（生卒年不详）伐魏，引黄河水灌城，淹浸三月，大梁几成废墟，自此衰落，秦灭六国后被降级为县。北周武帝建德五年（576），开封复为州治，改称"汴州"，开封才有所复苏。大运河开通之后，汴州位于要冲，"总舟车之繁。控河朔之咽喉。通淮湖之运漕"，经济与文化得到飞速发展，一跃成为当时的核心城市。后来北宋建都开封，也正是因"东京（开封）有汴渠之漕，岁致江、淮米数百万斛，禁卫数十万人咸仰给焉"。

**繁忙的汴河码头·北宋张择端《清明上河图》（局部）**

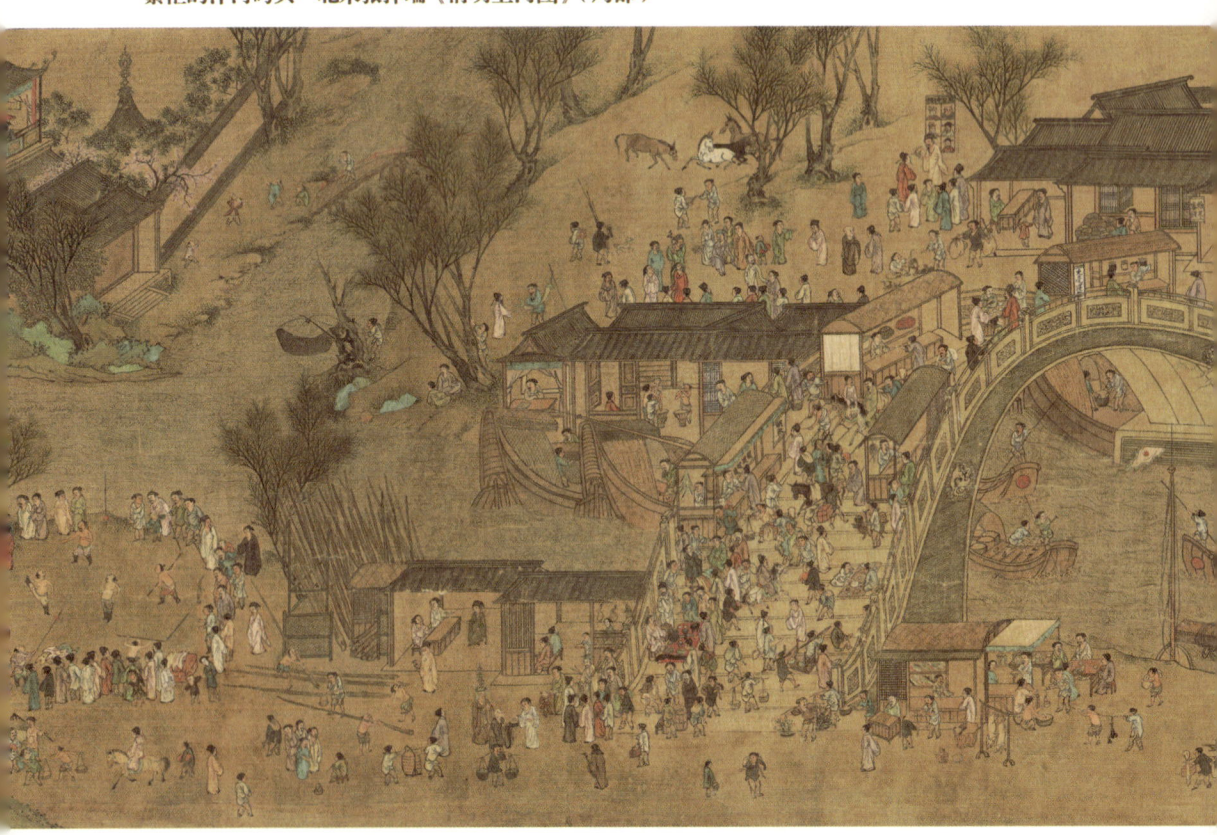

北京能成为五朝（辽、金、元、明、清）国都，也得益于大运河的开凿。隋炀帝征伐高丽，为转运军械，兴建永济渠，使得幽州（今北京）成为重要的军事重镇。安史之乱时，安禄山（703—757）、史思明（703—761）就盘踞幽州，左右时局，奠定了唐宋以后北京作为政治、军事中心的基础。此后，辽、金、元等北方游牧民族先后占据中原，建立政权，其政治根基在北方，因此建都北京，盖因北京"进"可利用永济渠控制华北地区，"退"可顺利返回蒙古或是东北地区。大运河奠定了北京作为国家政治、军事中心的基础。

### 促进大运河城镇的兴旺繁荣

随着大运河的开凿与发展，沿岸城镇也随之兴旺繁盛。隋唐时期的扬州、润州（今江苏镇江）、常州、苏州和杭州；宋代的宝应、高邮、宿州和泗州以及明清时期的临清、济宁都是当时物资和人文荟萃的繁荣城市。特别是扬州，扬州地理位置优越，地处长江与大运河交汇所在，为全国重要的水利枢纽。唐代扬州是南北货物集散之地，盐铁转运中心，有"扬一益二"之美誉。明代，扬州是两淮盐业的中心和南北漕运的枢纽，沿运河两岸商贾云集，甚为繁盛。清代，扬州是全国食盐供应基地和南北漕运的咽喉，再度出现经济和文化上的繁荣。大运河的开凿成就了扬州无与伦比的经济和政治地位。

### 促进中外文化的交流

大运河沿岸是中国古代社会经济、文化最有活力的地区，不但是南北经济流通的重要渠道，也是中外文化交流的纽带。唐代，高僧鉴真（688—763）曾从长安经大运河东渡日本，日本高僧圆仁（793—864）也曾由大运河远赴长安求法，其《入唐求法巡礼行纪》翔实地记述了经行大运河沿途的行程和见闻，以及唐代社会清平世界、礼仪之邦的风采。北宋，日本僧人成寻（1011—1081）也经大运河到达开封，在中国居住近十年，撰有《参天台五台山记》，对宋代运河城市、船闸、河道

**江苏盛景:清徐扬《姑苏繁华图》(局部)**
| 辽宁省博物馆·藏 |

多有描述。南宋,阿拉伯人普哈丁(?—1275)通过运河到达扬州,并前往济宁、天津等地传播伊斯兰教文化,死后葬于扬州东关外古运河东岸。元代意大利旅行家马可·波罗(Marco Polo,1254—1324)曾在扬州主政三年,足迹遍及运河沿岸的真州、瓜洲、扬州、高邮、宝应、淮安,回国后他写了风行世界的《马可·波罗行纪》,生动地介绍了京杭运河两岸的风土人情。明代菲律宾群岛苏禄东王(?—1417)、朝鲜人崔溥(1454—1504)、日本僧人策彦周良(1501—1579)、意大利人利玛窦(Matteo Ricci,1552—1610)、清代葡萄牙人安文思(Gabrielde Magalhaons,1609—1677)等都曾沿着京杭大运河游历中国,他们对传播中外文化,增进中国与世界的交流做出了重要贡献。

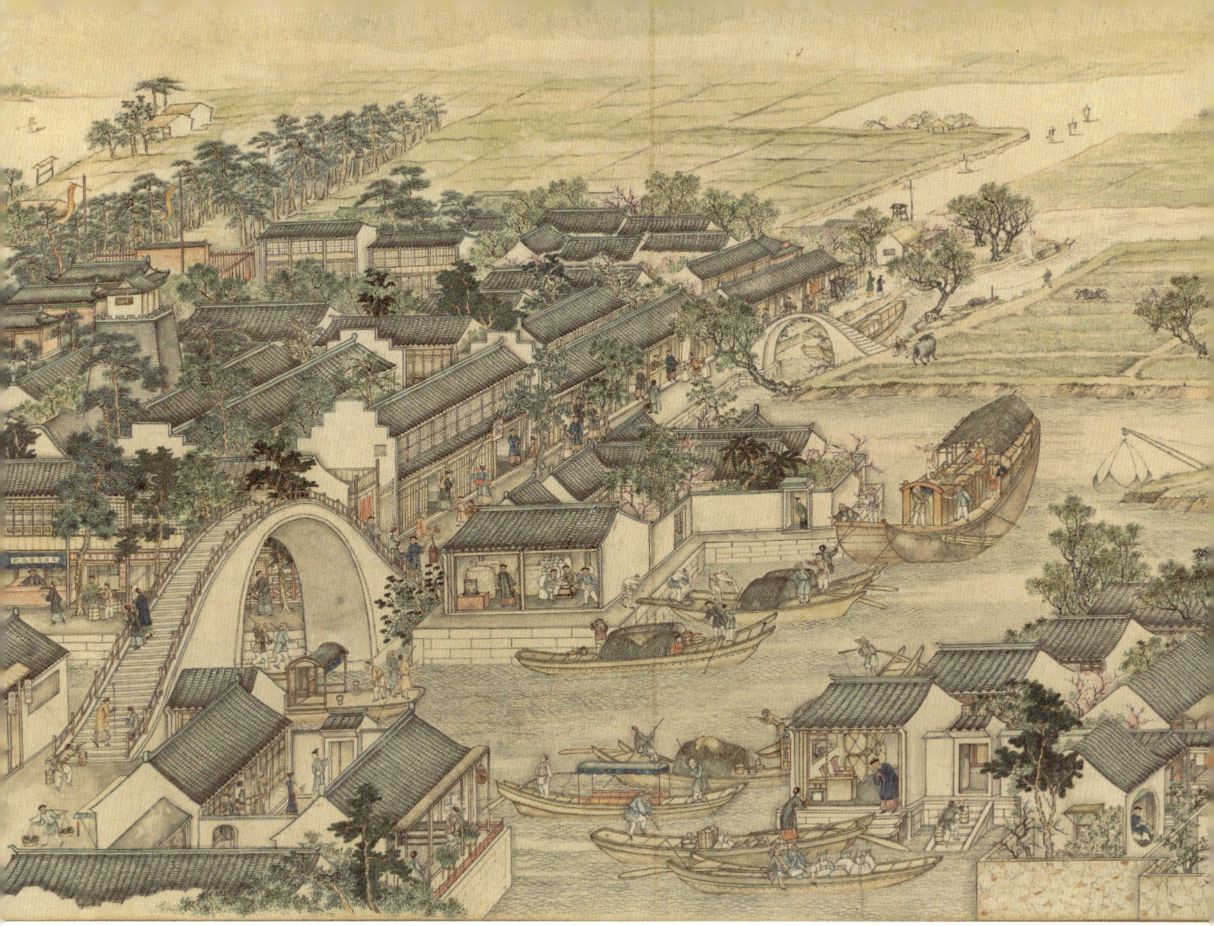

# 第二节 唐代水利家姜师度

> 姜好沟洫，一心穿地。
>
> 傅孝忠两眼看天，姜师度一心穿地。
>
> ——后晋刘昫《旧唐书·姜师度传》

姜师度（？—723）是唐代著名水利家，新旧唐书对其记载简略，故虽治水成就突出，却不为人熟知。《旧唐书·姜师度传》评价姜师度："勤于为政，又有巧思，颇知沟洫之利。"其时，太史令傅孝忠（生卒年不详）善占星纬，而姜师度以深谙水利著称，于是人们广为流传"傅孝忠两眼看天，姜师度一心穿地"。

## 师度其人

姜师度，魏州魏县（今河北大名）人，以明经入仕，初任丹陵尉、龙岗令，有"清白"之誉。据《唐会要》记载，神龙元年（705）姜师度已任兵部郎中，并奉命参与删定律令格式。同年出任易州（治在今河北易县）刺史。神龙二年（706），唐中宗（683—684年以及705—710年在位）下令选拔"识理通明，立性坚白，无所诎挠，志在澄清者"分任十道巡察使。姜师度遂兼御史中丞，为河北道监察兼支度营田使，任上开凿平虏渠等多项水利工程。景云二年（711），姜师度调赴中央任职，先任大理卿，后转任司农卿。开元初年（713），任陕州（今河南三门峡）刺史。开元七年（719），姜师度调任同州（今陕西大荔）刺史，组织修整和挖掘通灵陂，原来"榛棘之所"，变为"粳稻之川"，唐玄宗（712—756年在位）特敕旨加封姜师度为金紫光禄大夫，赐帛三百匹。开元十一年（723）姜师度病卒，终年七十余岁。

## 治水功绩

河北道辖区为"古幽冀二州之境……东并于海，南迫于（黄）河，西距太行、恒山，北通榆关（今山海关）、蓟门（今居庸关）"，相当于今京、津二市，河北、辽宁两省大部，河南、山东两省黄河故道以北地区，此地土地肥沃，毗邻游牧民族地区，是唐朝主要产粮区和重要的北部边防。姜师度在河北道任职时已逾六十，却无迟暮之态，在任五六年间，组织兴修多处水利工程，现今可考的就有七处之多。一是于蓟州渔阳（今河北蓟州）之北"涨水为沟"，契丹、奚族等北方游牧民族虽在唐贞观年间（627—649）就已归附，但时有侵扰，姜师度巧施水障，有效阻挡了契丹、奚人骑兵的进犯，增强了北境地区的军事防御能力。二是在蓟州渔阳重修平虏渠。东汉末年曹操（155—220）北征乌桓，开凿泉州渠转运军粮，泉州渠上起呼沱河（今滹沱河），下注弧水（今沙河），但由于长期战乱和年久失修，于唐初废弃。姜师度循泉州渠故迹，重新开挖水渠，沟通潞河和鲍丘水（今潮河），号称平虏梁，不但便利了周边农田的灌溉，更重要的是可以把内地粮食转运至北地边防，避免了军粮运输绕道海上的风险，《旧唐书·姜师度传》称"粮运者至今利焉"。可见该项水利工程直至唐朝后期仍在发挥着良好的经济效益。三是于沧州鲁城（今河北青县以东）修渠引水改良盐碱地，兴置

## 第三章　魏晋至隋唐时期

屯田种稻，增加军粮生产。此外姜师度还在沧州清池县（今河北沧县），开凿两道水渠，一渠通毛氏河，一渠通漳水；另在棣州（今山东省惠民县）修渠引黄河水；以及在贝州经城（今河北巨鹿）开张甲河。这些农田水利项目，对农田灌溉、排涝或土壤改良产生了积极作用，保障了粮食生产。

陕州西部的太原仓是当时江淮地区稻米运往长安的水陆转运枢纽，通常是用仓车将粮仓的稻米载运到江边装船，费时费力。陕州刺史姜师度实地考察后，利用粮仓和河岸之间的地势落差，修建了一条坡道，将米"自上注之，便至水次"。这一做法提高了效率，也节省了劳力。由于治水能力突出，这期间姜师度还被调遣到华州（今陕西渭南华州区）主持农田水利工程的兴建工作：开元二年（714）在华州华阴县开"敷水渠""以泄水害"；开元四年（716）在华州郑县开"利俗渠"与"罗文渠"。《新唐书·地理志》记载，郑县"西南二十三里有利俗渠，引乔谷水，东南十五里有罗文渠，引小敷谷水，支分溉田，皆开元四年诏陕州刺史姜师度疏故渠，又立堤以捍水害"。这三条水渠的开凿与修整，使关中农田水利系统向渭南地区扩展，在古代关中农田水利开发史上具有积极的意义。

开元七年（719），姜师度转任同州（今陕西大荔）刺史。同州朝邑县以北有通灵陂，长期废置，盐碱遍地。姜师度组织人力依势对通灵陂进行修整和挖掘，《元和郡县志》记载："通灵陂，在县北四里二百三十步，开元初姜师度为刺史，引洛水及堰黄河以灌之，种稻田二千余顷"，即修水渠引洛水、筑河堰导黄河水入通灵陂，蓄积水源，极大提高通灵陂的灌溉能力。姜师度遂"收弃地二千顷为上田，置十余屯"，当年即大获丰收。

姜师度主持兴修的诸多水利工程，多数是在他年过花甲之后完成的，以暮年之躯勤勉于水利，着实令人感佩。虽如此，姜师度也不免招致非议。唐人张鷟（约660—740年）在其《朝野佥载》中就直斥姜师度"好奇诡"，甚至有"又前开黄河，引水向棣州，费亿兆功，百姓苦其淹溃，又役夫塞河。开元六年，水泛溢，河口堰破，师度以为功，官品益进"之语。然如"棣州百姓一概没尽"等骇人之事，正史中均未见记载，小说家之言不可为信史。姜师度兴修之水利却有不尽如人意之处，如在长安城开凿水渠，虽有积极作用，但没有充分考虑对水流量的调节，以致"水涨则奔突，水缩则竭涸"。然功过相校，应属瑕不掩瑜。《新唐书·姜师度传》评论说"师度喜渠漕，繇役纷纭，不能皆便，然所就必为后世利"。《旧唐书·姜师度传》也说"师度既好沟洫，所在必发众穿凿，虽时有不利，而成功亦多"。上述评论应是公允的。

## 第三节 它山堰

拒咸蓄淡，泄洪溉田。

它山一堰所系尤重，七乡之间，膏腴无虞，千数百顷，潴为平湖，疏为长河，以待旱干、水溢之患，皆它山一堰之利。

——南宋魏岘《重修鄞它山堰记》

中国东南沿海地区，河流常受海水咸潮倒灌影响，以致耕地卤化，居民用水困难。在此特殊的地理环境之下，先民创造出"拒咸蓄淡"的灌溉工程。"拒咸蓄淡"的灌溉工程最迟起源于唐代，宋代以后迅速发展。其中以它（tuō）山堰最为典型。

唐开元二十六年（738），经江南东道采访处置使齐澣（675—746）奏请，始置明州（今浙江宁波），"以境内四明山为名"。其州治鄮（mào）县（今浙江宁波市），近海枕江，地处姚江、奉化江（鄞江主源）以及甬江（鄞江下游）交汇之所。甬江是入海河道，坡降平缓，稍遇天旱，或是涨潮，则海水咸潮上溯，"民不堪饮，禾不堪灌"。唐大和七年（833，也作"太和"），鄮县县令王元暐（wěi）在县西南修建它山堰工程，自此"溪江中分，咸卤不至，清甘之流，输贯诸港，入城市，绕村落，七乡之田，皆赖灌溉"。

府境图·清胡榘《宝庆四明志》，清抄本

## 拒咸蓄淡

  它山堰之所以发挥拒咸蓄淡、灌溉、供水和排水泄洪的综合效益，主要是通过渠首和州城三处水则（用以测量水位的水尺）来控制水位，实现全区工程运行的合理调度。

  它山堰的渠首工程建成于唐朝，由拦水坝、引水渠以及溢流堰三部分组成。拦水坝建于四明山余脉与它山夹束江流之处，横断奉化江之上源鄞江，为整体工程"拒咸蓄淡"之关键。引水渠（今南塘河）则是开凿于拦水坝上游之塘河。同时，为防止汛期渠内水量过大，泛滥成灾，

# 第三章 魏晋至隋唐时期

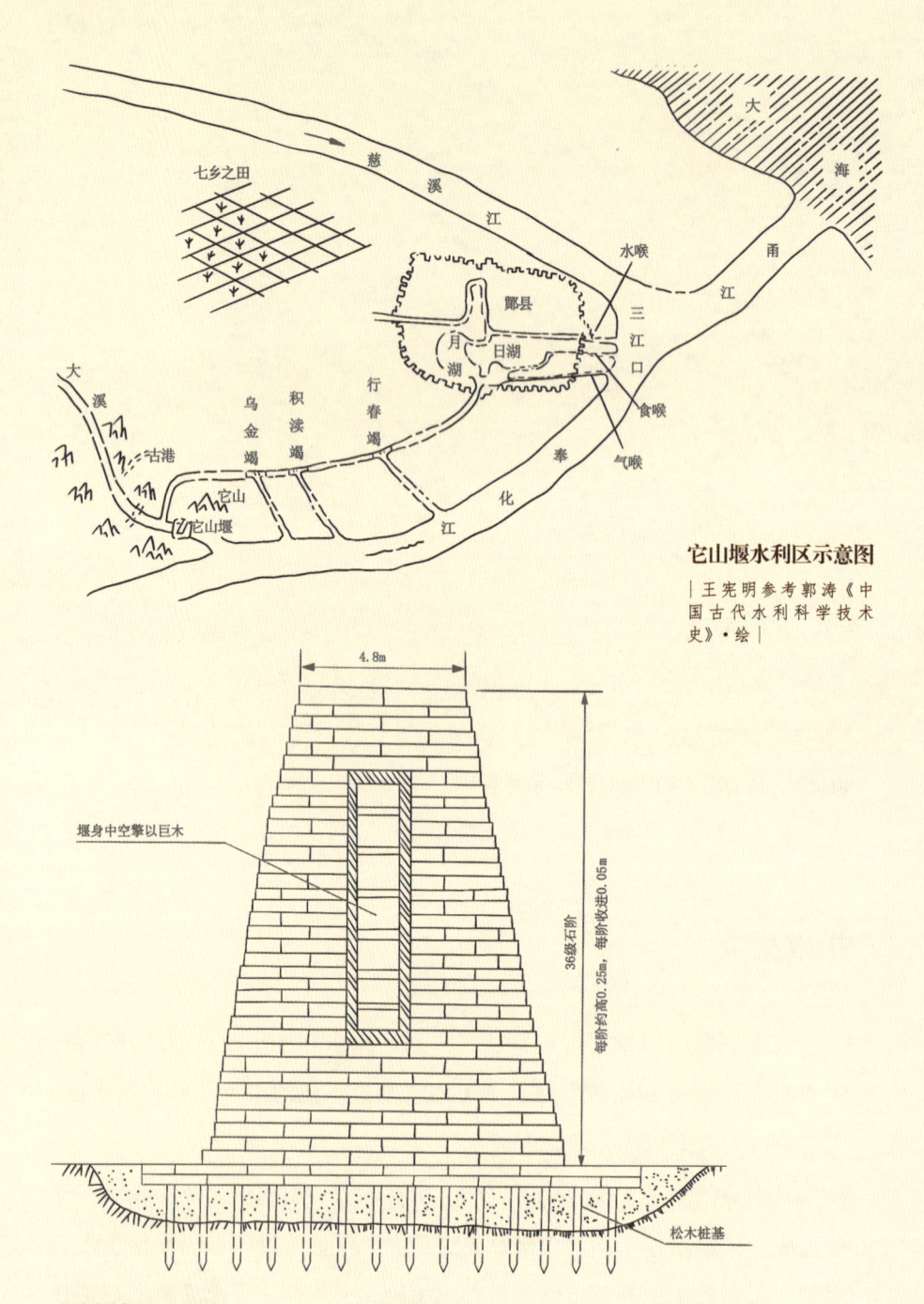

**它山堰水利区示意图**

|王宪明参考郭涛《中国古代水利科学技术史》·绘|

**它山堰大坝示意图**

|王宪明参考郭涛《中国古代水利科学技术史》·绘|

又在引水渠下游修筑乌金、积渎、行春三座溢流堰，将多余水量分泄入甬江入海。据《四明它山水利备览》记载，拦水坝"横阔四十有二丈，覆以石板，为片八十有半，左右石级，各三十六……堰身中擎以巨木"。坝体整体形状为梯形断面，有消能扛冲的良好作用，高度则能保证"涝则七分水入于江（甬江），三分入溪（引水渠），以泄暴流；旱则七分入溪，三分入江，以供灌溉"，坝身中空可以减少石材耗费，汛时又可利用洪水挟带的大量泥沙填塞坝心，增加坝体稳定性。上源河水经引水渠可灌溉鄞西平原农田数千亩，再入明州，潴蓄成日、月二湖，供居民饮用。

## 工程完善

自唐末它山堰建成，历代都注意进行整治维修。特别是在南宋时期，州城更增设三处水则，与渠首工程相互配合。宋淳祐二年（1242），郡守陈垲（？—1268）鉴于上游"平地竹木亦为之一空"，水土流失严重，于是在拦水坝上游处建置回沙闸。平时闭闸，使坝上游形成回水区，让泥沙沉淀。闸桩上刻有水则，根据水位调节闸门，将沙排至坝下游。这一扩建工程对提高它山堰工程效益和使用寿命起了积极作用。同年，陈垲在城东又建大石桥闸，"内可以泄水，外可以捍潮"，为量化启闭水位，闸旁也立有水则。

开庆元年（1259），庆元府判吴潜（1195—1262）在明州城内月湖的平桥旁设置水则，则上刻"平"字，故称"平字水则碑"。吴潜为设置水则，遍测它山堰诸渠和日、月二湖水位。在找到平桥水位与各处水位的相关关系之后，将各处水位换算成平桥处的水位。平桥水则碑所刻的"平"字，与各处水情相关，各闸得以据该处水位操作闸门。"暴雨急涨，水没平字"，则各闸开闸放水，平字出露则闭闸蓄水。水则碑紧邻府衙，闸门的启闭督查管理更加快捷，"水汛不待都保县道申到，放闸之人已遣行矣"。

南宋时期，它山堰水利灌溉工程体系正式形成，集防洪、灌溉、城市供水等多功能为一体，代表唐宋时期水工技术的最高水平。它山堰工程以拦水坝为首，塘河为渠，日、月二湖为蓄，并且辅之以渠、湖周边的堰、工程以提高蓄泄效率，使之不仅成为鄞西平原最主要的灌溉水源，而且泄洪蓄淡的能力也大为提升。南宋魏岘己曾作《重修增它山堰记》，称赞它山堰"所系尤重，七乡之间，膏腴无虑，千数百顷，潴为平湖，疏为长河，以待旱干、水溢之患，皆它山一堰之利"。

## 第四节 郦道元与《水经注》

因水证地,即地存古。

余少时读《水经注》,服其真能读万卷书,行尽天下山水路,而所成文章又复钩采群书,造语选辞句斤字削,于经史子集中别开面目,若天地间不可无一,不容有二。

——清代沈炳巽《水经注集释订讹·原序》

北魏中晚期,社会经济繁荣,"国家殷富,库藏盈溢"。孝文帝(471—499年在位)在位时,迁都洛阳,推行汉化改革,胡、汉民族矛盾缓和,社会环境相对宽松。加之南朝齐梁文化繁荣,南北之间,往来密切。于是,北魏文学迅速发展,出现"文雅大盛"的繁荣景象。郦道元(?—527)的《水经注》文笔隽永,写景生动,是这一时期的散文代表,堪称中国游记文学的鼻祖。同时,《水经注》还全面描述了全国的地理情况,是一部兼具文学与科学价值的综合性地理著作。

## 郦氏生平

郦道元,字善长,北魏官员、地理学家,范阳郡涿县(今河北涿州)人。早年,其父郦范(428—489)任青州(今山东青州)刺史,郦道元随父生活。《水经注·巨洋水》记载:

## 第三章　魏晋至隋唐时期

先公以太和（北魏孝文帝年号，477—499）中作镇海岱，余总角之年，侍节东州，至若炎夏火流，闲居倦想，提琴命友，嬉娱永日。桂笋寻波，轻林委浪，琴歌既洽，欢情亦畅，是焉栖寄，实可凭衿。

可见，郦道元自幼热爱地理，寄情山水。太和十七年（493），御史中尉李彪（444—501）以郦道元"执法清刻"，拔擢其为治书侍御史，末期两年郦道元即受李彪牵连而遭免官。景明（500—503）中，郦道元出任冀州（今河北冀州市）镇东府长史（冀州刺史佐官），"行事三年，为政严酷，吏人畏之，奸盗逃于他境"，冀州民风大为改观。永平（508—511）时，郦道元调任鲁阳郡（今河南鲁山）太守，其间，立学校，施教化，"山蛮伏其威名，不敢为寇"。延昌四年（515），郦道元升任东荆州（今河南泌阳）刺史，"威猛为政，如在冀州"，蛮民讼其刻峻，而被免官。九年后，郦道元于正光五年（524）复任河南尹。孝昌元年（525），徐州刺史元法僧（454—536）于彭城（今江苏徐州）反叛，郦道元节度诸军，大败叛军，后任御史中尉。孝昌三年（527），郦道元为关右大使督察萧宝寅（487—530），为其所害，死后被葬于长安城东，追赠吏部尚书、冀州刺史、安定县男。郦道元一生勤奋好学，博览群书，撰注《水经》四十卷、《本志》十三篇，又著《七聘》及诸文，皆行于世。

## 注文《水经》

郦道元仕宦二十余年，历任山西、河南等地，所到之处，无不"寻图访赜""访渎搜渠"，对各地的地理情况进行实地考察和详细记录。在从事地理研究和考察过程中，深感《大禹记》著山海，周而不备，《地理志》其所录简而不周，《尚书》《本纪》与《职方》俱略，都赋所述裁

## 第四节 郦道元与《水经注》

不宣意,《水经》虽粗缀津绪,又阙旁通"。随着时间推移,当时的地理情况已与上古时期大不相同,历史上的著作,已远不能满足人们的现实需要。于是,在6世纪初,郦道元决定为《水经》作注,"庶备忘误之矜,求其寻省之易"。

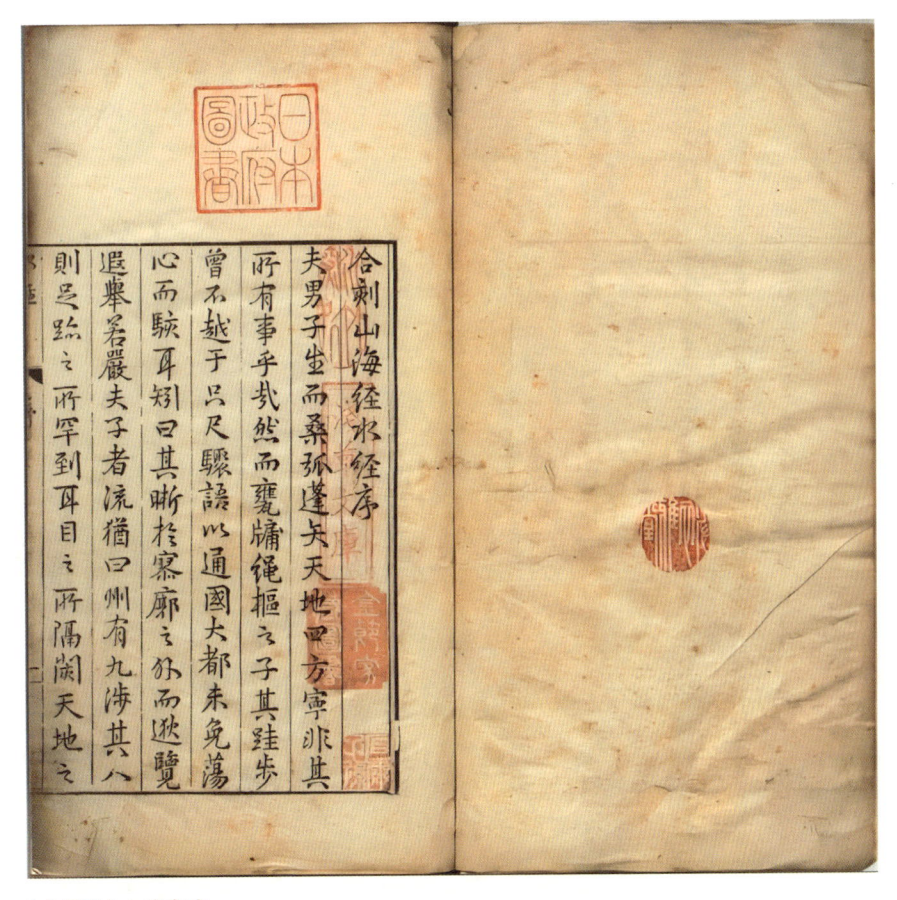

**《水经注》·残宋本**

现存唯一宋本,残存七册,计卷五至八、十六至十九、三十四、三十八至四十,共12卷,但首尾完整的仅10卷。残宋本在后世《水经注》的校勘过程中起到重要作用,是"有明一代各版本的源流"。

矣因先刻其圖又卽疏中之最有關係者刺出為要刪其卷葉悉依長沙王氏刊本以便校勘大抵考古者為多以實證無可假借也其脈水者為略以文繁非全疏不明也趙之襲戴在身後一二小節臧獲隱匿何得歸獄主人戴之襲趙在當躬千百宿贓質證昭然不得為擴奪者曲護謝山七校用力至勤精華已見趙書中間有趙氏所不取者終非淺涉可及朱箋多挂荆棘所以來誠甫之白眼但獨闢蠶叢何必不為五丁之先導孫校蹲駁此事本非當家而名震一代不嫌為耳食者鍼膏肓其他未有專書而於此

# 水經注疏要刪自序

自全趙戴校訂水經注之後轟情洶然謂無遺蘊雖有相襲之爭卻無雌黃之議余尋繹有年頗覺三家皆有得失非唯脈水之功未至即考古之力亦疏往往以修潔之質而漫施手澣者亦有明明班疣而失之眉睫者乃與門人熊君貞發憤爲水經注疏稿成八十卷凡酈氏所引之書皆著其出典所敘之水皆詳其遷流簡牒旣繁鎸板匪易而日月已邁恐一旦塡溝壑熊君寒士力亦未能傳此書易世之後稿爲何人所得又增一趙戴之爭則余與熊君之志湮

## 第三章　魏晋至隋唐时期

《水经》的作者及其年代，颇有争议，一般认为是三国桑钦（生卒年不详）所著，其中记载水道137条，但内容简略且有错漏。郦道元以《水经》为蓝本，注文20倍于原文，缀其枝津，成书四十卷，30余万字，共载水道1252条，引用书籍达430余种，并转录不少碑刻材料。《水经注》以河道水系为纲，对每条河流均详载其发源、流经地区、河道特征以及沿岸山川、植物、物产、交通、历史、人物等信息，尤其对于河流分布、渠堰灌溉以及城市位置的沿革记述最为详细，而且具有清楚的方向、道里等方位和数量概念。《水经注》虽名为注，实为新著。可惜《水经注》至宋景祐年间（1034—1038）已缺佚五卷，后人将所余三十五卷分割拼合，即为今本四十卷。《水经注》自成书后，流传甚广，历代学者称引颇多，常爱不释卷。然后世传抄翻刻，多有脱、衍、倒、讹，个别章节几难辨读。至于清代，时兴考据训诂训之学，以戴震（1724—1777）对《水经注》的校勘最为成功，"补其阙漏者二千一百二十八字，删其妄增者一千四百四十八字，正其臆改者三千七百一十五字"。

《水经注》内容丰富，郦道元以大量地理事实详注《水经》，并系统地进行了综合性的记述，既赋予地理描写以时间的深度，又给予许多历史事件以具体空间的真实感。当然，郦道元生活于南北朝大分裂时期，许多地方无法实地勘查，所述内容难免北详南略，对塞外水系的记载也失于简略，而且杂有少许封建之糟粕。但全书在一定程度上反映了当时全国的地理面貌，能较真实地复原一千四五百年前的地理情况。《水经注》所涉及的内容东北到朝鲜的坝水（今大同江），南到扶南（今越南和柬埔寨），西南至印度新头河（今印度河），西至安息（今伊朗）、西海（今咸海），北至流沙（蒙古沙漠）。这些域外地理知识，直至今日仍是研究这些国家和地区历史情况的宝贵资料。

《水经注疏》是清代杨守敬（1839—1915）、熊会贞（1859—1936）

## 第四节 郦道元与《水经注》

合著的研究《水经注》的著作,初稿完成于光绪三十年(1904)。《水经注疏》共四十卷,汇集明清以来研究《水经注》的诸方面成果,为郦学总结性著作,被誉为"真集向来治郦《注》之大成"。《水经注疏》问世后,深受舆地学者的推崇,近代著名学者汪辟疆(1887—1966)评价该书:"抉择精审,包孕宏富。前修是者,片长必录,非者必严加绳正,至于期当;其引而未申者,稽考不厌其详。故精语络绎,神智焕发,真集向来治郦《注》之大成也。"

> # 第五节
> # 古代水法
>
> 水令有违，治以严法。
>
> 尊水式兮复田制，无荒区兮有良岁。
>
> ——唐代刘禹锡《刘宾客文集·高陵令刘君遗爱碑》

在社会发展的初期阶段，生产力尚不发达，人类对资源的需求比较有限，取用不尽，对水的利用也就少有限制。而社会发展到一定时期，自然态的水逐渐无法满足人类生活、生产需求，对水资源占有和利用的社会问题也就随之出现。于是为协调各方利益，便制定规则共同遵循。这规则最初表现为惯例，后来人为地把这种惯例用条约的形式固定下来，以加强其稳定性和权威性，这就是水法。水法的制定和执行，提高了水资源综合利用的效益，是水利事业发展的重要标志。

## 起源发展

中国水法历史悠久，至迟出现于周代。春秋战国时期，列国争霸，经常利用筑坝、决堤等方式危害邻国。诸侯订盟时，都明令禁止修建危害他国的水利工程，譬如葵丘之会（公元前651年）的盟约中就有"无曲防"的条款。《春秋穀梁传》也记载"壹明天子之禁……毋雍泉"，即

### 第五节 古代水法

《秦律十八种》简牍·1975年
湖北云梦睡虎地 11 号墓出土
|湖北省博物馆·藏|

## 第三章 魏晋至隋唐时期

重申天子的禁令，禁止截流，筑坝，堵塞水源。可见在葵丘之会的更早时期就已有这种法令。据《说苑·指武》记载，周文王（公元前1152—前1056年）讨伐崇侯时，曾颁布《伐崇令》，其中明令"毋填井……有不如令者死无赦"。若以刘向（约公元前77—前6年）记载为信，中国水法的起源可上溯至商周之际。

考古发现的《秦律十八种》其中的《田律》规定"春二月，毋敢伐材木山林及壅堤水"，并严格规定凡遇旱、涝、风、虫等灾情，地方长官必须按所要求的时间向中央呈报灾情。

中国古代最早见于记载的灌溉法规始于西汉时期。汉武帝元鼎六年（公元前111年），左内史儿宽（？—公元前103年）建议开凿六辅渠，灌溉郑国渠旁地势较高的农田，并且"定水令，以广溉田"。水令是农户用水的法规。由于用水制度合理，灌溉面积因而增加。继此之后，西汉末年召信臣（？—公元前31年）于建昭五年（公元前34年）在南阳兴建水利的同时也"为民作均水约束，刻石立于田畔，以防纷争"。东汉永平十六年（公元73年）王景（公元30—85年）任庐江太守时，主持恢复古灌区芍陂，也"铭石刻誓，令民知常禁"。这些灌溉法规都是按需要均匀分配用水，用以约束各受益农户，以免无端争水，但具体内容多已不可考。

章武三年（223）九月十五日，蜀汉丞相诸葛亮（181—234）颁行护堤法令，是现今所见最早的防洪法原件。法令记载："丞相诸葛令，按九里堤捍护都城，用防水患，令修筑浚，告尔居民，勿许侵占损坏，有犯，治以严法，令即遵行。"九里堤在成都西北，当地地势低洼，是一条用以保护成都安全的防洪堤。

唐代是封建法制建设的鼎盛时期，"盖姬周而下，文物仪章，莫备于唐"。在水利管理方面，唐朝在中央尚书省下，设有水部郎中和员外郎，"掌天下川渎陂池之政令，以导达沟洫，堰决河渠，凡舟楫溉灌之利，咸总

### 第五节 古代水法

《丞相诸葛令》碑拓片

四川省三台县文化馆·藏

## 第三章 魏晋至隋唐时期

而举之"。又设有都水监,由都水使者掌管京畿地区的河渠修理和灌溉事宜。

唐朝初年,长孙无忌(594—659)奉诏修订唐律,并对律文逐条逐句进行诠释和疏释,并设置问答,辨异析疑,是为《唐律疏议》。《唐律疏议》是中国现存最早、最完整的封建法律,共计30卷,律文12篇,502条。《唐律疏议》第424条规定:"诸不修堤防及修而失时者,主司杖七十。毁害人家,漂失财物者,坐赃论减五等。以故杀伤人者,减斗杀伤罪三等(谓水流漂害于人即,人自涉而死者非)。水雨过常,非人力所防者。"第425条规定:"诸盗决堤防者,杖一百;(谓盗水以供私用,若为官检校虽供官用亦是),若毁害人家及漂失财物者,赃重者,坐赃论;以故杀伤人者,减斗杀伤罪一等。若通水入人家,致毁害者,亦如之。"可以看到,当时国家非常重视水利工程,对河坝、堤防进行定时维修,对盗水者和毁坏堤防造成重大灾害的实行重罚,而且权责明确,责任到人,量刑定罪也非常准确。

此外,唐朝还专门制定全面系统的水利法规——《水部式》。《水部式》对于当时的农田水利管理具有重要意义。

首先是保护和稳定封建制度下的生产关系。在封建社会中,灌溉水渠作为重要的生产资料,地主豪强经常霸占土地,抢占水源。而封建兼并的直接受害者首先是小农。小农被兼并,破坏相对稳定的生产关系,不仅减少朝廷的赋税收入,从长远来看,也是导致农民起义,动摇整个封建统治的主要原因。因此,封建国家需要抑制豪强的贪欲。《水部式》规定,干渠中"不得当渠造堰",斗门"不得私造",州县派官监督等措施,抑制地方豪强。

其次是协调利益分配,调节水利纠纷。《水部式》强调"务使均普,不得偏并",就是这一精神的体现。

再次是充分利用自然资源。灌溉管理的最终目的,是充分利用有限的水利资源,求得最大的灌溉效益。《水部式》对于水利资源利用的

《唐律疏议》·嘉庆十三年（1808）兰陵孙星衍覆元崇化余志安勤有堂刊本

《水部式》（局部）
|国家图书馆·藏|

　　唐《水部式》早已亡佚，直到近代才在敦煌千佛洞中重新发现，但只是残卷，现藏于法国巴黎国立图书馆。该卷首尾残缺，中间亦有部分内容佚失，仅存144行，分为29自然条，总计2600余字，就其记载内容分析，大约是开元二十五年（737）的修订本。

143

## 第三章　魏晋至隋唐时期

途径是多种多样的,譬如,延长渠系用水时间,实行轮灌,改善灌水技术,以及在灌区内修造蓄水设施等。此外,当有多种经济部门与灌溉同时用水,而水源又不能充分满足需要时,则按用水部门的重要性,规定用水的先后次序,以求得最大的综合经济效益。

最后是协调受益与出工。《水部式》规定,灌溉工程的维修,是按受益面积,计亩出工,甚至灌区范围内的官田也应该和民田相同,"计营顷亩,共百姓均出人工,同修渠堰。"大灌区的组织管理需要由政府出面监督协调,当灌溉工程维修量过大,所在地区的地方政府可酌情给予补助等,也都是加强灌溉管理,协调受益与出工的重要措施。

《水部式》的制订,对于合理利用水利资源,发挥水利工程效益,都是至关重要的,在唐代颇具权威,刘禹锡（772—842）称赞道:"尊水式兮复田制,无荒区兮有良岁。"《文苑英华》中收录了有关"清白二渠判"的六篇文章,文章均是依据《水部式》条文作答,可见各作者无不熟悉《水部式》的有关规定。长庆三年（823）高陵县令刘仁师（生卒年不详）依据《水部式》条文,控告泾阳地主霸占郑白渠水源。当时虽处安史之乱后,各地管理混乱,刘仁师还能依法胜诉,也可说明《水部式》的权威性。

《水部式》的出现是社会发展和水利事业发展的必然结果。不过,此后未见全国性的综合水利法规。直至近代,才由国民党政府行政院实行新的水利法。

# 第四章 宋元时期

灌溉之利，大矣。江、淮、河、汉及所在川泽，皆可引而及田，以为沃饶之资。

——元代《王祯农书·灌溉门》

宋初百年间，学术思想活跃，社会生产力发达，为宋元时期科学技术的高度发展奠定了良好基础。当时，长江流域和珠江流域的经济地位逐渐突显，其中长江中下游更是成为全国的经济中心，所谓『苏湖熟，天下足』。在江南地区，翻车、筒车等灌溉工具的普遍使用，农田大规模被开垦，开始与江湖争田，与海洋争地，从太湖流域的圩田水利发展就可见一斑。北宋时期，江、浙、闽等地的水利工程倍于唐朝。所兴修的大型水利工程，往往能灌溉田地二三十万亩，甚至上百万亩。同时，宋代开河、堵口相较历代次数最多，水工技术有很大进步，用以防险、抢险的埽工；水门（闸门）、水柜（水库）等节水工程以及用定平之制测量地形的方法都进一步在治水工作中得到推广。《宋史·河渠志》、沈括（1031—1095）的《梦溪笔谈》以及沈立（1007—1078）的《河防通议》中有不少关于水利科学技术的记述，埽工规模之大，堵口实践经验之丰富，都是前代不曾有过的。

《楞严经旨要卷》（局部）

# 第一节 太湖流域的塘浦圩田水利

> 畦畛相望，阡陌如绣。
>
> ——
>
> 古者既为纵浦以通于江，又为横塘以分其势，使水行于外，田成于内，有圩田之象焉。故水虽大而不能为田之害，必归于江海。
>
> ——明代张国维《吴中水利全书》

太湖流域北至长江，南抵钱塘，东临东海，西部自北而南则分别以茅山山脉、界岭和天目山为界，四周地势高起，流域内多低洼平原，集水量大，水高于田，历来依靠圩（wéi）田的灌溉排水形式进行农业生产。所谓"圩田"，即是水田的沟洫系统，通过在滨湖和滨江低地上围堤筑圩，围田于内，挡水于外，圩内开沟渠，圩内与圩外水系相通，其间设置闸门，实现灌排。洞庭湖区的垸（yuàn）堤、鄱阳湖区的圩堤以及珠江三角洲的基围等都属于此类圩田工程。

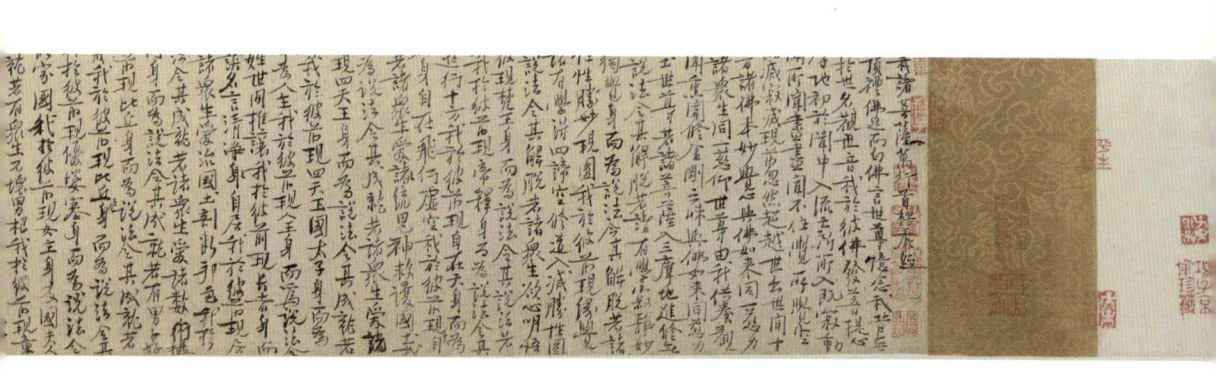

# 第四章　宋元时期

## 圩田起源

"圩者，围也"，圩田的初级形式是围田。围田起源于春秋时期，当时吴、越两国在太湖流域就已开始筑堤围垦，《越绝书·吴地传》中有各种关于嘭（liú）、陂和虚的记载，即指田周高、中间低的成片农田。春

圩田·清鄂尔泰，张廷玉《钦定授时通考》，乾隆七年（1742）内府刻本

秋时期，太湖流域人口稀少，生产技术落后，围田的开发相对分散，并不会过多影响太湖流域的蓄洪排涝格局，因此可以形成早期的良田。秦汉以后，太湖流域成为六朝（222—589）农业经济中心，历代政权均在此大规模围湖造田，经营屯田，太湖流域呈现出"畦畛相望""阡陌如绣"的局面。隋唐以降，太湖下游的海塘护堤系统建成，促进太湖下游围田的加速发展。中唐时期，太湖流域的围田垦殖已十分发达，"畎距于沟，沟达于川……浩浩其流，乃与湖连。上则有涂（途），中亦有船。旱则溉之，水则泄焉，曰雨曰霁，以沟为天"，高级形式的塘浦圩田系统逐渐兴起。五代吴越在前代基础上经营太湖水利，"五里、七里而为一纵浦，又七里或十里而为一横塘"。纵横交错，横塘纵浦之间筑堤作圩，使水行于圩外，田成于圩内，形成棋盘式的塘浦圩田系统。

## 圩田经营

吴越时期的太湖流域，塘浦阔深，圩大堤高，腹里低地高筑圩岸，沿海高地深浚塘浦。高低地之间设堰闸斗门，涝时防止高地雨水泄入低地，减轻低田排水负担，旱时则拦蓄雨水，直接用于高田灌溉。高田、低田的塘浦各成体系，既相互贯通，又互不干扰，旱涝兼顾，高低田并熟。同时，吴越还制定相应的养护制度：设置"都水营田使"，由中央直辖，主司都水和营田；创建"撩浅军"，归"都水营田使"统率，专职负责疏浚塘浦、清理河泥、修缮堤防堰闸、植树护岸等工作；禁止围占湖田，盲目围垦，吴越"立法甚备"，上下遵守，一方面奖励垦荒，"勿收其租税，由是境内，并无弃田"；另一方面则禁止围垦河淤地，破坏河湖蓄泄机能。吴越国八十六年间，水灾四次，旱灾一次，平均十七年一次，为太湖地区水旱灾害最少的时期。因此"岁多丰稔"，而"境内丰阜"。

# 第四章 宋元时期

## 圩田治理

北宋初年,"国家根本,仰给东南",太湖流域成为当时漕粮供给的重地。然而北宋政府只顾漕运,不顾蓄泄灌溉,竭泽而渔,不惜破坏圩系,"都水营田使"一职被取缔,代之以"转运使",一切以漕运为纲,治水服从于粮盐"纲运"。转运使乔维岳(926—1001)"不究堤岸堰闸之制,与夫沟洫畎浍之利,姑务便于转漕舟楫,一切毁之"。沈披(沈括之兄,生卒年不详)在无锡,王钦若(962—1025)在杭州,也相继毁闸便漕。不仅如此,北宋政府还"慢于农政,不复修举,江南圩田,浙西河塘大半堕废"。宋仁宗(1022—1063年在位)时,圩田管理制度废弛,地主豪强和农民开始自发进行小规模的围垦,以塘浦为界的数万亩大圩逐渐被分割,最终逐渐演变成以泾浜为界的数百亩的小圩,打乱了原来的塘浦圩田系统。小圩御洪能力不及大圩,以致太湖流域水害显著加剧。景祐二年(1035)范仲淹(989—1052)曾上书指出,太湖地区在"积雨之时,湖溢而江壅,横没诸邑"。元祐四年(1089),宋哲宗(1085—1100年在位)下诏:"官员能增加湖河滨地,可得奖赏。"于是围湖垦田,废湖为田现象日益严重。当时太湖流域"四郊无旷土,随高下悉为田",耕地面积的大量增加,实际上是以湖泊的萎缩和消失为代价,水路阻塞、洪旱失调、农田受害的结果随之而来,太湖流域的生态环境逐渐趋于恶劣。

**范仲淹的治湖规划**

景祐元年(1034),范仲淹任苏州知州,提出修围、浚河、置闸相结合的太湖治理方案。修围即是修筑围(圩)田,圩岸高厚才能抗拒洪涝灾害。同时,有计划地筑圩,又可拦束散漫水流,不使其横流,而易导其入海。浚河则是疏浚河道、塘浦。范仲淹"亲至海浦,浚开五河",重点疏通茜泾等太湖出水的东北面大浦。范仲淹还曾试图疏通介于昆山县(今昆山市)和华亭县(今上海松江区)之间的吴淞江盘龙汇一带的

## 第一节 太湖流域的塘浦圩田水利

曲折河道，该水道"步其径才十里，而洄沉迂缓逾四十里，江流为之阻隔。盛夏大雨，则泛滥旁啮，沦稼穑，坏室庐，殆无宁岁"，然而在任期间未能如愿。其后，叶清臣（1000—1049）于宝元元年（1038）将盘龙汇截弯取直工程完成，水患遂息。最后是置闸，范仲淹指出："新导之河，必设诸闸，常时扃（jiōng）之，以御来潮，沙不能塞也。每春理其闸外，工减数倍矣。旱岁则扃之，驻水溉田，可救熯（hàn）涸之灾。"浚河而不置闸，既不能挡潮拒沙，又不能蓄水抗旱，蓄泄都失之控制。

范仲淹的治湖规划较为妥善地解决了蓄水与泄水、挡潮与排涝、治水与治田的矛盾，是水网圩田地区进行水利建设的有效方法，从而使吴越时期开创的圩田古制，在北宋又重新得到了恢复和发展，使太湖下游大片沼泽地被改造成为旱涝保收的稳产、高产田。

**范仲淹像**
|南京博物院·藏|

## 第四章　宋元时期

政和年间（1111—1118），赵霖（生卒年不详）在主持大规模治理太湖时，就基本采用了范仲淹的主张。他在《治水害状》中重申说："大抵开治港浦，置闸启闭，筑圩裹田，三者阙一不可。"大德八年（1304），任仁发（1254—1327）治理太湖时，也进一步阐述了范仲淹的观点："大抵治水之法有三，浚河港必深阔，筑围岸必高厚，置闸窦必多广。设遇水旱，就三者而乘除之，自然不能为害。"嘉靖年间（1521—1567），吕光洵（生卒年不详）治理太湖，又将范仲淹的观点发展为"治水五要"："一曰广疏浚以备潴泄""二曰修圩岸以固横流""三曰复板闸以防淤淀""四曰量缓急以处工费""五曰专委任以责成功"。就工程措施而言，实际还是范仲淹的修圩、浚河、置闸三者并重的思想。

**郏亶的治湖规划**

郏亶（jiá dǎn，1038—1103）治理太湖的基本主张是"治田为先，决水为后"。郏亶批评宋初治湖是只知治决，不知治田，他认为："治田者，本也，本当在先；决水者，末也，当在后。"郏亶根据太湖地形，提出应规划高圩、深浦，束水入港归海的塘浦圩田体制。即"塘浦既浚矣，堤防既成矣，则田之水必高于江，江之水亦高于海，然后择江之曲者而决之，及或开卢沥浦，皆有功也。何则，江水湍流故也"。因为沿海地势高仰，且受海潮顶托，不抬高浦江水位，则水流不能迅速出海。郏亶还主张应根据地形高下，实行分片、分级控制阻止高地雨水向低地漫流，这样既可减少低地排水负担，又可拦蓄高地雨水做抗旱之用。郏亶过分强调恢复塘浦大圩古制，不适应当时分散经营的小农经济，最终导致治水实践的挫败。郏亶的治水实践虽然昙花一现，但其《吴门水利书》对后世治理太湖水利影响深远，有"自宋以后，凡言江南水利者，多祖郏氏"之说。

在郏亶的观点影响下，其子郏侨以及南宋晚期的黄震（1213—1280）又先后提出了"束水归海"和"驾水归海"的主张。所谓"束水归海"，

郏亶（左）和郏侨（右）·《吴郡名贤图传赞》，道光七年（1827）长洲顾氏家刻本

即是以吴淞江为排泄太湖洪水专道，在西岸高筑堤防束水，除开浚盐铁塘、大浦并建闸控制外，其余支河上均筑堰或水窦，分散排泄各地积水，使塘浦不受洪水威胁，退水也较迅速。"驾水归海"则是要抬高江浦水位，并加以人工控制，不但要使洪水快速出海，而且要防止泥沙淤积。这两种意见对于海滨低洼圩区的防洪有重要意义。

**单锷的治湖规划**

单锷（1031—1110）认为太湖流域水害的症结在于太湖水量"蓄泄失调"，其治湖规划是：一是修复胥溪五堰（银林堰、分水堰、苦李堰、何家堰、余家堰），减少太湖上游来水。太湖之水主要源于上游的西、南两路，西路之水来自荆溪，荆溪上有胥溪河，五堰即位于胥溪河道。北宋，五堰久废，每逢雨季，上游洪水顺势东下太湖，苏、常、湖诸州多受其害。单锷力主修复五堰，使宣、歙（shè）、池、广德、溧（lì）

155

## 第四章 宋元时期

水之水不入太湖，杀减上游来水，减轻苏、常、湖三州的洪涝威胁。二是治理圩田，修整陂塘，疏泄积水。修复五堰虽可减少上游来水，太湖下游河港淤塞同样是导致流域内水位上升的重要原因。单锷反对简单地依靠深浚河道来调节水流的治理方案，主张依靠自然生态下的"会"（河道弯曲之处）来达到储蓄洪水、灌溉高田的效果。单锷与郏亶"治田为先，决水为后"的主张截然相反，认为驱使民户在深水中构筑塘岸，修筑圩田，若遇大水，围田又被冲毁，是不明智的选择。因此，治田应先治水，排泄积水之后，才可以劝诱民户修筑圩田。三是开凿吴江岸，扩大太湖下游去水量。庆历二年（1042），为利漕运，在吴淞江上筑成吴江长堤。然而吴江长堤客观上却导致吴淞江水流缓慢，下游河道淤塞愈发严重，洪涝灾害频发。于是单锷提出，开凿吴江岸，将长堤改为长桥；开浚白蚬、安亭二江，增加出水通道；开江尾茭芦之地，迁沙村之民；疏浚吴淞江及沿海诸港渎；常州修治一十四处之斗门、石碶、堤防，导水入扬子江等具体治水措施。

单锷的治水方案限于时局未能获得实践的机会，但其《吴中水利书》以及治水思想流传很广。单锷着眼于太湖东部苏、湖、常、秀四州的水利形势，视线不出浙西，难免不会顾及胥溪五堰以西金陵、扬州等地的水利态势。然而，就整个太湖流域而言，单锷能够综合漕运、治水与圩田三个方面，提出一体化的治水方案，是值得肯定的。

经过长期的改造自然和发展生产的斗争，围田由低级的分散围垦逐步发展为较高形式的塘浦圩田系统，使太湖流域成为富裕的鱼米之乡。然而北宋中后期以后，中央财政危机加重，为增加财政收入，不得不开放围湖之禁，甚至出现了大面积废湖为田的现象，堤防堰闸毁坏，养护制度废弛，渠系混乱，圩区分割支离，水旱灾害严重，人民深受其害。后代治理，终因缺乏全盘规划，没有从根本上解决问题，结果愈治愈乱，终致塘浦圩田系统隳（huī）坏。

## 第二节 熙宁放淤

> 放淤肥田,且溉且粪。
> 深、冀、沧、瀛间,惟大河、滹沱、漳水所淤,方为美田;淤淀不至处,悉是斥卤,不可种艺。
> ——北宋沈括《梦溪笔谈·权智》

北宋社会经济空前繁荣。然鉴于唐末五代藩镇割据之弊,宋太祖(960—976年在位)为巩固中央集权,制"更戍法",并分化事权,以致国家财政被繁冗的官僚军事机构吞食罄尽,在与辽、西夏的对峙中连年失利,国家积贫积弱。宋神宗(1067—1085年在位)时期,为富国强兵,熙宁二年(1069),任用王安石(1021—1086)为参知政事,"制置三司条例司",进行变法革新,史称"熙宁变法"。同年十一月,正式颁布实行《农田利害条约》(又称《农田水利约束》)。

## 熙宁放淤

《农田利害条约》是王安石变法中的重要内容,也是中国历史上第一部比较完整的农田水利法。《农田利害条约》以法律的形式将兴修水利事宜具体地规定下来,指令全国诸路:

## 第四章 宋元时期

凡有能知土地所宜种植之法，及修复陂湖河港，或元无陂塘、圩埠、堤堰、沟洫而可以创修，或水利可及众而为人所擅有，或田去河港不远，为地界所隔，可以均济流通者；县有废田旷土，可纠合兴修，大川沟渎浅塞荒秽，合行浚导，及陂塘堰埭可以取水灌溉，若废坏可兴治者，各述所见，编为图籍，上之有司。其土田迫大川，数经水害，或地势污下，雨潦所钟，要在修筑圩埠、堤防之类，以障水涝，或疏导沟洫、畎浍，以泄积水。县不能办，州为遣官，事关数州，具奏取旨。民修水利，许贷常平钱谷给用。

《农田利害条约》的颁行使得"四方争言农田水利，古陂废堰，悉务兴复"。地方上，涌现出许多新的水利著作和治水工具，如程师孟（1015—1083）撰成《水利图经》二卷，推广其淤田经验，李公义（生卒年不详）发明铁龙爪扬泥车和浚川杷用以疏浚河流，水利技术得到发展。全国范围内大量兴修农田水利工程，熙宁三年（1070）至九年（1076），各地兴建水利工程多达10793处，灌溉农田361178顷有余。

历史上关于王安石变法，褒贬不一。但王安石对水利建设的推动，其政敌司马光（1019—1086）也给予了肯定，虽几乎废弃王安石变法的全部内容，但"唯留水利一科，谓百害中获一利"。

**王安石像**

## 第二节 熙宁放淤

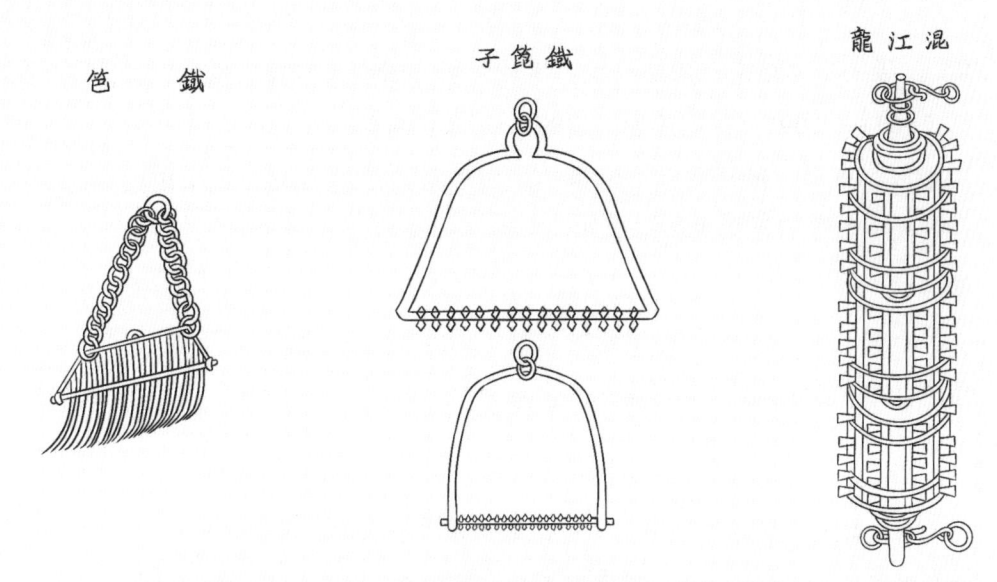

铁笆、铁算（bì）子和混江龙·清麟庆《河工器具图说》，道光十六年（1836）云萌堂刊本

铁龙爪扬泥车"用铁数斤为爪形，以绳系舟尾而沉之水，篙工急棹，乘流相继而下，一再过，水已深数尺"（《宋史·河渠志》）。其形制与《河工器具图说》中的"混江龙"相仿，混江龙形似车轮，中有木轴，两头凿孔系绳以船牵挽。轴外有三个木轮并排，各木轮上有铁齿四十个，齿长五寸，轮身用四道铁箍固定，缺点则是"顺水尚可流行，逆水则船重难上……重则沉滞，轻则浮漂，非利器也"。

浚川耙形制较大，原理与"铁笆""铁算子"相同。铁笆外形似笆，前为铁束弯首，后有铁环链用以拖牵。铁算子上有系铁环系于船尾，下为铁齿用于疏浚，逆水时需要多人牵挽而行，船速稍慢则无法发挥疏浚作用。

## 科学经验

《农田利害条约》的颁行还促使熙宁年间出现中国古代历史上最大规模的淤灌治碱高潮。中国古代引浑水淤灌改造盐碱地的历史，最迟始于公元前4世纪，当时西门豹（生卒年不详）开凿漳水十二渠，引漳水灌溉邺地农田。之后的郑国渠也是成功的淤灌工程。西汉末期的贾让（生卒年不详）也曾提出发展引黄灌溉的建议，如此"则盐卤下隰，填淤加肥。故种禾麦，更为秔（jīng）稻。高田五倍，下田十

159

## 第四章　宋元时期

倍",进一步总结推广淤灌经验。唐代,引汴淤灌又有较大发度。沈括(1031—1095)曾记述说,宿州一石碑上刻有唐人凿六陡门,"发汴水以淤下泽,民获其利"的事迹。白居易(772—846)也指出过汴河两岸都设有供淤灌放水的斗门,在汴河水量丰沛时,"即可沃灌"的情况。

熙宁二年(1069),秘书丞侯叔献(1023—1076)首先上书朝廷,指出引汴放淤的必要性和可能性,他说:

> 汴岸沃壤千里,而夹河公私废田,略计二万馀顷,多用牧马。计马而牧,不过用地之半,则是万有余顷常为不耕之地。观其地势,利于行水。欲于汴河两岸置斗门,泄其余水,分为支渠,及引京、索河并三十六陂,以灌溉田。

侯叔献的建议得到王安石的坚决支持,并设置专门机构"提举沿汴淤田司"和"都大提举淤田司",推动和组织淤灌治碱工程。放淤工程首先从汴水开始,此后陆续推广到漳河、黄河以及滹沱河等北方一系列多沙河流。仅熙宁七年到十年(1074—1077)的三年中,国家用于淤田的投资就达到十五万五千四百多贯,约占当时中央财政总收入的千分之一。据统计,熙宁三年至九年(1070—1076)间,大规模的放淤工程共有34起,其中有具体亩积记载的共9处,合计645万宋亩[①]。

随着放淤工程的逐步开展,先民也逐渐总结出一些科学的经验。一是因时制宜。不同时节的河流,其含淤成分和浓度也有所不同:"水退淤淀,夏则胶土肥腴。初秋则黄灭土,颇为疏壤,深秋则白灭土,霜降后皆沙也。"盛夏季节的"矾山水"最适淤灌。二是因地制宜。都水丞杨

---

① 宋1亩约合今0.86亩,宋645万亩约合今555万亩。

汲（生卒年不详）在淤田过程中，"随地形筑堤，逐方了当"，根据土地地形走势的不同而将准备所淤之田划分成若干小块，依次进行淤田，防止因河水的失控而引发泛滥，从而获得了重大成功。

不可否认的是，由于当时宋神宗和王安石的大力提倡，急于见效，地方的放淤工作也确实出现不少问题。如阳武、酸枣（今河南延津）一带，动用民夫四五十万进行淤田，然而因事先考虑欠周，"相度官吏初不审议"，结果"后以地下难淤而止"，白白浪费大量人力、物力。朝邑县（今陕西大荔）原拟引黄河水"淤安昌等处碱地"，及至引出河水后，"碱地高原不能及"，反而淹了不需放淤的"朝邑县长丰乡永丰等十社千九百户秋苗三百六十余顷"。其他因放淤不当或退水无出路淹没民田、庐舍的事也曾发生。为邀功请赏，放淤面积不实或谎报"百姓乞淤田"也是在所难免。变法的反对者抓住这些问题，在王安石执政时就多方罗列罪名，对放淤大肆反对和攻击。王安石罢相以后，其变法期间诸多改革措施的几乎全部被废，淤田活动也由此销声匿迹。

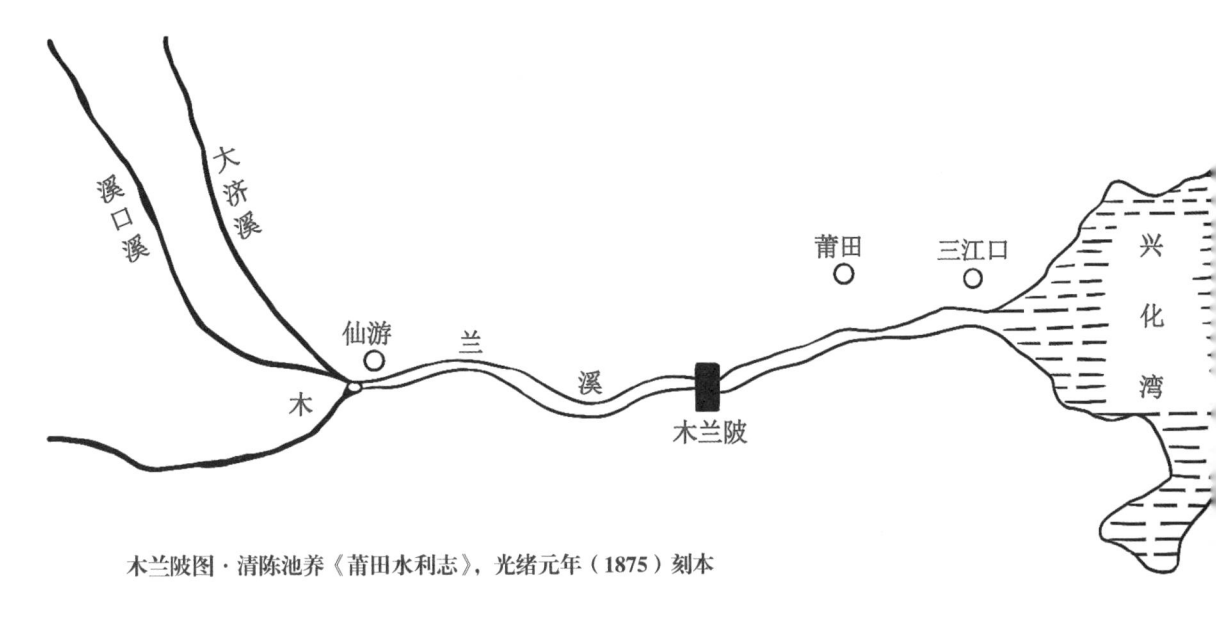

木兰陂图·清陈池养《莆田水利志》，光绪元年（1875）刻本

## 第四章 宋元时期

熙宁年间的放淤虽然存在一些问题和不足,但放淤确实取得了显著成效,沈括曾经亲自参加过熙宁变法和淤田,在其《梦溪笔谈》中就记载了淤灌的良好效果:"深、冀、沧、瀛间,惟大河、滹沱、漳水所淤,方为美田;淤淀不至处,悉是斥卤,不可种艺。"不少地区的贫瘠土地变成沃壤,产量大幅度上升,呈现出北宋建朝以来少见的繁荣景象。

木兰陂位于今福建省莆田市的木兰溪下游,是北宋时期著名的"拒咸蓄淡"的灌溉工程。木兰陂先后经三次方才建成,第三次施工就始于熙宁变法期间,历时八年(熙宁八年至元丰六年,1075—1083)。木兰陂是中国目前保存最完整的古代水利工程之一,迄今依然发挥着显著效益,灌溉着莆田平原二十余万亩农田。

## 第三节 贾鲁治河

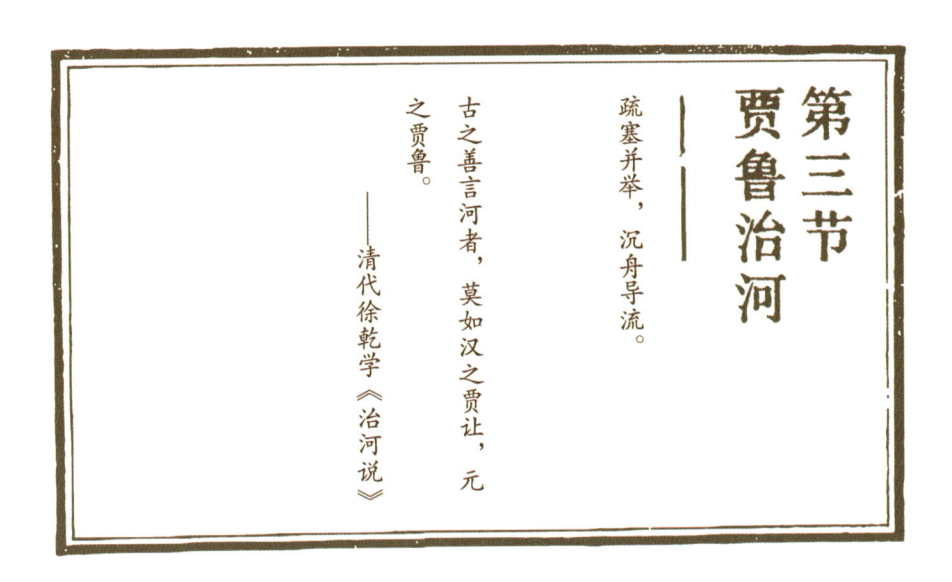

> 疏塞并举，沉舟导流。
>
> 古之善言河者，莫如汉之贾让，元之贾鲁。
>
> ——清代徐乾学《治河说》

历史上，黄河多次决溢、泛滥，甚至改道。元代（1271—1368）河患尤其严重，见于历史记载的决溢就多达二百六十余次，还有三次大规模的改道。至正四年（1344）五月，山东地区连续大雨二十余日，平地水深二丈余[①]，黄河涨溢，北决白茅堤（今山东曹县西北）、金堤（即北金堤，今河南濮阳、范县一带），沿岸数省尽罹水患。然而此次黄河决口未能引起元廷重视，直到至正八年（1348），元顺帝（1333—1370年在位）才任命贾鲁（1296—1353）为行都水监，负责山东、河南等地的水患治理。但由于元廷内部意见不一，贾鲁的治水建议也没有被及时采纳，以致黄河频繁决溢，洪水泛滥长达七年之久，运河漕运梗阻，滨海盐场倾毁，民众流离失所，人饥相食。

---

① 元代1丈约合今3.7米。

# 第四章　宋元时期

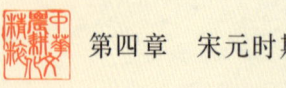

明周臣《流民图》（局部）
|克利夫兰艺术博物馆·藏|

## 贾鲁其人

贾鲁，字友恒，河东高平（今山西高平）人。元仁宗延祐（1314—1320）、英宗至治（1321—1323）年间，贾鲁两次以明经科中乡贡。泰定初年（1324）授东平路儒学教授。历任潞城县尹、丞相东曹掾、户部主事、太医院都事。后奉召为宋史局官，参与撰修《辽史》《金史》《宋史》。书成后，贾鲁迁燕南山东道奉使宣抚幕官，因其官员考核评定最优，升为中书省检校官，又调任都水监、右司郎中、都漕运使，直至中书左丞。至正十三年（1353），贾鲁病卒，时年57岁。

## 河必当治

至正八年（1348），贾鲁就任行都水监后，即"巡行河道，考察地形，往复数千里"，提出两条治水之策：一是修筑北堤，遏制黄河河水向北溃流，用功较省，但不能从根本上解决问题；二是堵塞白茅堤决口，同时疏浚下游河道，疏塞并举，引黄河东行，使之回到泗水、淮水

### 第三节　贾鲁治河

故道，东入黄海，虽更为耗费人力、物力，效果却较前者为好。至正九年（1349），脱脱（1314—1355）复为宰相，召集群臣，计议治河事宜。贾鲁力排众议，明确提出"河必当治"，脱脱纳其"疏塞并举"的治河策略。至正十一年（1351），元廷正式任命贾鲁为工部尚书衔兼总治河防使，总揽河务。同年四月，贾鲁"发汴梁、大名十有三路民十五万人，庐州等戍十有八翼军二万人供役，一切从事大小军民，咸禀节度，便宜兴缮"。十一月决口合龙，"决河绝流，故道复通"，黄河治理工程大局告定。最终，此次工程共疏浚故道二百八十余里，修缮堤坝七百七十里，堵塞大小决口一百零七处。工程之浩大为中国古代治河史上所罕见。

夏秋之际，黄河大汛，堵口难度极大，为减轻决口处的水流压力，贾鲁在白茅决口用"沉船法"修筑刺水堤，以分水势，这是水利史上导流技术的重要创新。所谓"沉船法"，是将许多大船内装石块，外绑埽捆，以绳索、木板相连，并用铁锚、竹绳固定在预定位置，使之先构筑成一道整体漂浮在水上的船坝。然后令水工同时凿穿所有船底，使船坝沉入水中形成挡水建筑物，降低决口处的水势，为之后下埽合龙创造有

## 第四章 宋元时期

利条件。历史上著名的"贾鲁治河"于当年四月开工,九月黄河水道即恢复行船。清代水利专家靳辅(1633—1692)对贾鲁以"沉船法"非常赞赏,"昔贾鲁治河,用沉舟之法,人皆称之"。

欧阳玄(1274—1358)的《至正河防记》完整记录贾鲁治河的全部过程,其全文载于《元史·河渠志》。《至正河防记》还记录有此次治河工程的物资消耗:"其用物之凡,桩木大者二万七千,榆柳杂梢六十六万六千,带梢连根株者三千六百,藁秸蒲苇杂草以束计者七百三十三万五千有奇,竹竿六十二万五千,苇席十有七万二千,小石二千艘,绳索小大不等五万七千,所沈大船百有二十,铁缆三十有二,铁猫三百三十有四,竹篾以斤计者十有五万,垂石三千块,铁钻万四千二百有奇,大钉三万三千二百三十有二。其余若木龙、蚕椽木、

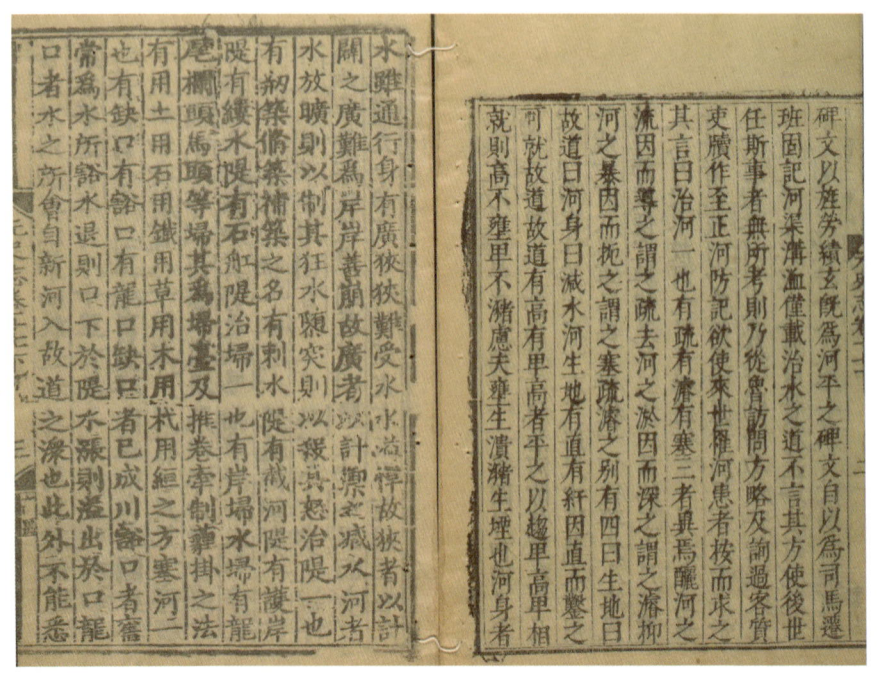

《至正河防记》·《元史》,清刊本

麦秸、扶桩、铁叉、铁吊、枝麻、搭火钩、汲水、贮水等具皆有成数。官吏俸给，军民衣粮工钱，医药、祭祀、赈恤、驿置马乘及运竹木、沈船、渡船、下桩等工，铁、石、竹、木、绳索等匠佣赀，兼以和买民地为河，并应用杂物等价，通计中统钞百八十四万五千六百三十六锭有奇。"从这些记载也可看出贾鲁治河工程之规模。

## 功怨各半

贾鲁治河，其兴工之大，耗资之巨，役夫之众，为史上罕见。在治河前一年（1350），河南、河北就有童谣："石人一只眼，挑动黄河天下反。"后来贾鲁在治河时果然掘出独眼石人，谶言应验，于是韩山童（1310—1351）、刘福通（1321—1366）等人乘时而起，河南大乱，于是有后人认为元朝灭亡由治河所致。《元史》的编修官宋濂（1310—1381）为元末明初人，曾亲历贾鲁治河之事。宋濂曾说：

> 议者往往以谓天下之乱，皆由贾鲁治河之役，劳民动众之所致。殊不知元之所以亡者，实基于上下因循，狃于宴安之习，纪纲废弛，风俗偷薄，其致乱之阶，非一朝一夕之故，所由来久矣。不此之察，乃独归咎于是役，是徒以成败论事，非通论也。设使贾鲁不兴是役，天下之乱，讵无从而起乎？

其实，黄河决溢，"浸城郭，漂室庐，坏禾稼"，人民罹于洪水蹂躏，生活于水深火热。贾鲁治河不但符合统治者的需要，更是符合黄泛区百姓的意愿。

# 第四节 《梦溪笔谈》中的水工技术

> 巧合龙门，三节下埽。
>
> （沈括）是中国整部科学史中最卓越的人物……《梦溪笔谈》是中国科学史的里程碑。
>
> ——〔英国〕李约瑟《中国科学技术史》

　　沈括（1031—1095），字存中，钱塘（今浙江杭州）人，北宋著名的政治家和科学家。熙宁年间（1068—1077），沈括曾积极参与王安石（1021—1086）变法活动，历任"权三司使""判军器监"等要职。元丰五年（1082），西夏大举入侵，攻陷永乐城（今陕西米脂），时任延州知州兼鄜（fū）延路经略安抚使的沈括因"不能援永乐"而遭贬谪，自此远离繁冗政务，潜心学术，《宋史·沈括传》说他"博学善文，于天文、方志、律历、音乐、医药、卜算无所不通，皆有所论著"。元祐四年（1089），沈括迁居润州（今江苏镇江）梦溪，从此隐居，我国古代著名的科学著作《梦溪笔谈》即成书于此时。

　　《梦溪笔谈》包括《笔谈》《补笔谈》和《续笔谈》三部分，共26卷609条，其中255条属于科学技术范畴，全书涉及数学、天文历法、地理、地质、气象、物理、化学、冶金、兵器、水利、建筑、动植物及医药等领域，是一部集大成之作。英国科学史家李约瑟（Dr. Joseph Needham，1900—1995）将《梦溪笔谈》标举为"中国科学史的地标"，称沈括为"中国科技史上最奇特的人物"。

《梦溪笔谈》中的水工技术主要有：堵口合龙、复式船闸和水利测量等。

## 堵口合龙

《梦溪笔谈》中记载了水工高超（生卒年不详）巧合龙门的三节压埽（sào）法，是中国古代水利史上重要的堵口和抢险技术。古时河流决口，需从决口河堤两侧向中间填堵，决口越小，则水流越急，工程难度也就越大。决口将要合拢时，中间的埽，谓之"合龙门"，是整个堵

《梦溪笔谈》·明万历三十年（1602）沈儆炌延津刊本

## 第四章 宋元时期

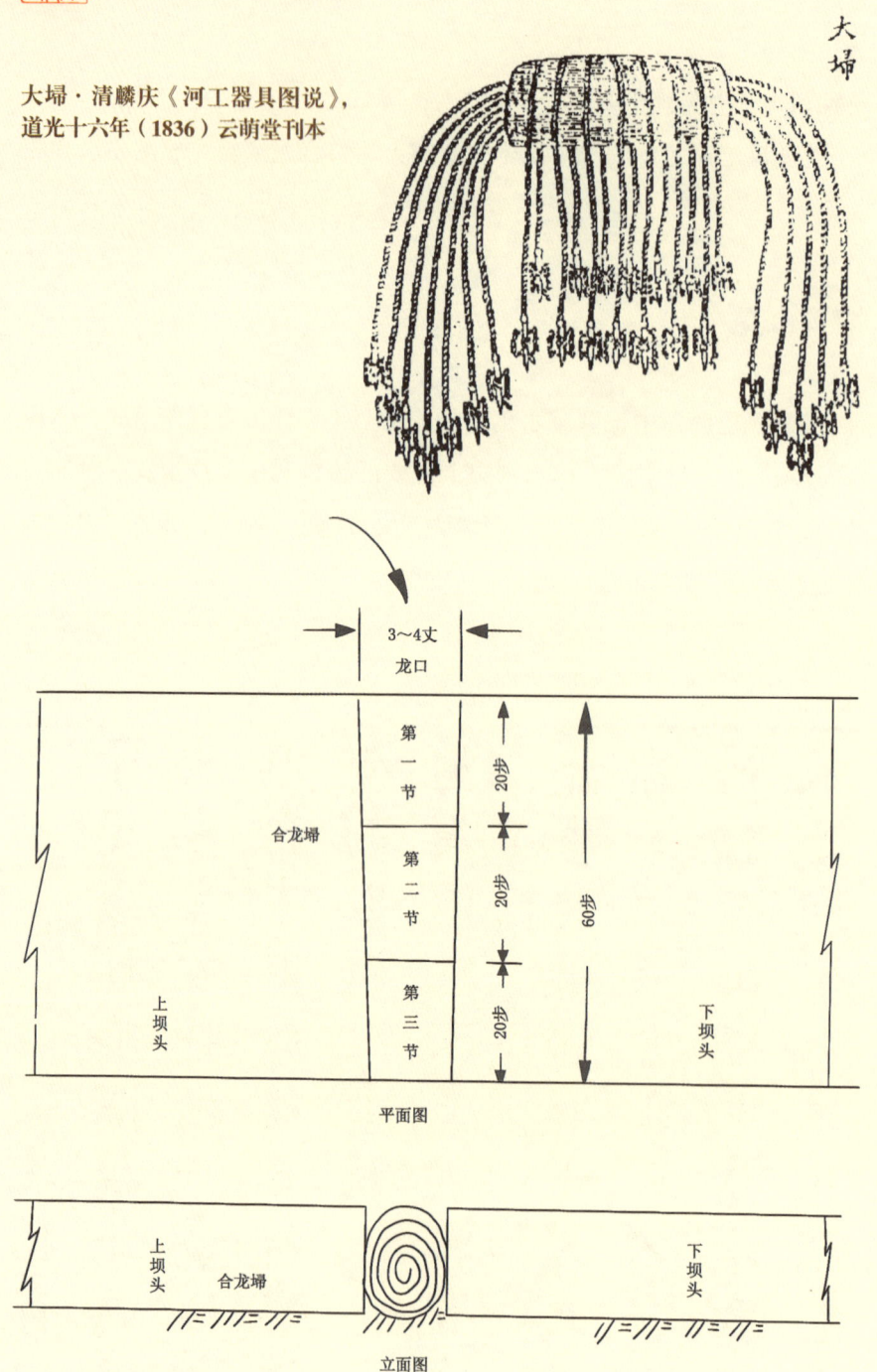

大埽·清麟庆《河工器具图说》，
道光十六年（1836）云萌堂刊本

**高超三节下埽合龙示意图**

| 王宪明参考周魁一《中国科学技术史（水利卷）》·绘 |

170

塞决口工程的关键。埽是指将秫秸（shújiē）、石块、树枝等物捆扎成圆柱形用以堵口或护岸的东西。

庆历八年（1048），黄河在商胡（今河南濮阳以东）决口，三司度支副使郭申锡（998—1074）亲自前往督察施工。当时合龙门的埽长达六十步，水工高超（生卒年不详）认为，埽身太长，人力难以将其压到水底，因而水未断流，而捆束埽身的绳缆已多处断绝。于是建议将六十步长的大埽平均分作三节，逐节陆续下压，并解释道："第一埽水信未断，然势必杀半。压第二埽，止用半力，水纵未断，不过小漏耳。第三节乃平地施工，足以尽人力。"可惜，郭申锡没有采纳高超的建议，合龙失败，而被贬官。最后才用高超的办法，成功堵塞了商胡决口。

## 复式船闸

邗沟在宋代又称扬楚运河。扬楚运河自邵伯向南至长江河段，地势高差较大，为接纳江潮、调节运河水流，在入江口和入江河段，需要建设相应的水工设施。北宋时期，随着扬州城区的发展，扬楚运河不断扩建，通航能力提高，运河主线逐渐绕开扬州古城区。为解决扬州古城区内运河水浅，舟船难行，且运载量受限等问题，需要将传统船闸改造成复式船闸。

复闸技术发明于雍熙年间（984—987），早于欧洲近400年，发明者是时任淮南转运使，权知楚州的乔维岳（926—1001）。复闸技术发明约百年后，扬楚运河上又出现修建有水澳（小型蓄水工程）的复闸——澳闸技术。绍圣年间（1094—1097），发运司曾孝蕴（1057—1121）最先提出，运用澳闸技术修建船闸工程，在其《澳闸利害》中，建议在"扬之瓜州，润之京口，常之奔牛"三处缺水修筑节水澳闸，以代替原有堰埭。《宋史·河渠志》记载："（元符）二年（1099）闰九月，润州、京口、常州奔牛澳闸毕工。""徽宗崇宁元年（1102）十二月，置提举淮

## 第四章　宋元时期

浙澳闸司官一员，掌杭州至扬州、瓜州澳闸。"澳闸是集复式船闸与蓄水设施于一体的系统工程。为节约和保证复闸或多级船闸的用水，多在闸旁适当高程建小型水库（水柜），称积水澳或归水澳。前者用于汇集溪水、雨水、坡水或从低处提升积水、流水以补充过闸的耗水，后者回收船只过闸时的耗水，再提升至积水澳或闸的上游，重复使用。澳闸兼有通航、蓄水、引水、引潮、避风等多种功能。

真州（今江苏仪征）闸是扬楚运河上的第一座复式船闸。真州闸建成于天圣四年（1026），由侍卫陶鉴（生卒年不详）主持兴修。胡宿（996—1067），曾任扬子尉，著有《真州水闸记》详记其事，"先是水漕之所经，颇厌牛埭之弗便"，尤其在秋冬季节，长江水位降低，船只进入淮扬运河更加困难。陶鉴上任后修筑二门复闸，水运大为便利。沈括《梦溪笔谈》记载，复闸建成之后，既节省了许多牵挽工人，而且可行大船，"运舟旧法，舟载米不过三百石，闸成，始为四百石船。其后所载浸多，官船至七百石，私船受米八百余囊，囊二石"。《真州水闸记》记载："既其北偏，别为内闸，凿河开奥，制水立防。""奥"通"澳"，即水柜，储水设施，由它向闸室供水，实现在闸室内调节水位高低，以与上下游水位平顺衔接。从《真州水闸记》中还可以窥见一些技术细节，如"巨防既闭，盘涡内盈，珠岸浸而不枯，犀舟引而无滞，用力浸少，见功益多"说的是向闸室供水和排水的设施，这一设施是复闸正常运行所必备。尤其是"盘涡内盈"，更形象地描述了闸门关闭后由澳向闸室注水盘旋涌动的水流形态。

真州闸的工作过程大致是，当船只由淮河进入运河，首先开启临淮闸门，船只进入闸室。随即关闭临淮闸门，并由储水设施（奥）向闸室注水，提升闸室内水位，待其与运河水位向平时，再开第二道闸门，船只驶入运河，完成过闸过程。与单闸相比，由于河中单闸一般相距较远，开闸过船时两闸之间河段较多的蓄水就会大量流失。而带闸室的复闸所

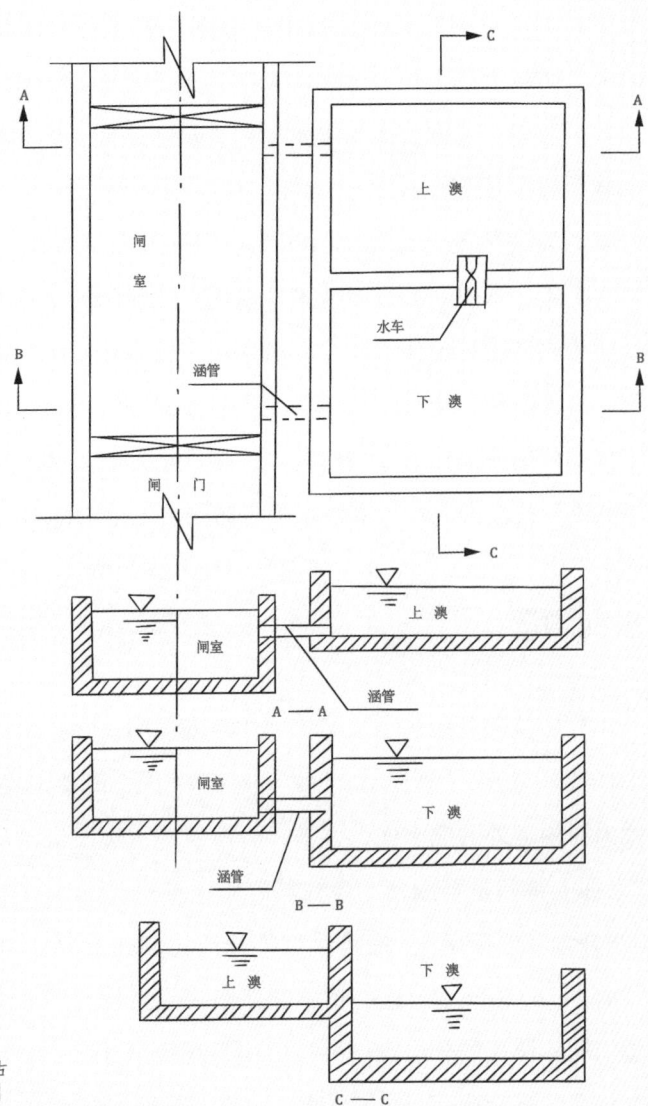

**澳闸示意图**

| 王宪明参考郭涛《中国古代水利科学技术史》·绘 |

损失的水量，则主要是距离百米上下的两个闸门之间的闸室中的水量。对于缺乏水资源和地形落差较集中的河段，复闸优势尤其明显。此外，若只设一座单闸，上下游水位差全都集中在此一处，开闸时水流湍急，对船只安全不利。而复闸通过两座闸门（一个闸室）调节闸室内水位

173

## 第四章 宋元时期

上下，可以达到船只平顺过闸的深度。若是三门两闸室，还可将原来的上下游较大的水位差分解为两级落差，船只通过也就变得更加平稳。

虽然现今考古工作尚未发掘到真州闸遗址，但沈括《梦溪笔谈》的记载足以证明真州闸的真实性。真州闸不仅是中国古代第一座有文字记载的复式船闸，也是世界历史上第一座复式船闸，早于欧洲荷兰复闸 347 年。真州闸的复闸技术与现代二级船闸的工作原理一般无二，至今还为葛洲坝等现代水利工程所采用。以真州闸为代表的复式船闸的出现，极大便利了扬州段运河的航运，在保证漕粮运输的同时，也活跃了宋代扬州的商品经济，当时扬州已是"十一路百州迁徙贸易之人，往往出其下，舟车南北日夜灌输京师者居天下之七"的盛景。

## 水利测量

分层筑堰测量法是沈括治理汴河的创举。沈括仅以"水平（测量水平程度）、望尺（测高）、干尺（测距）"三个简单工具，通过临时筑堰，量出堰内堰外两侧水面的差数，分段筑堰，逐段记录汇总的方法就测得"京师上善门量至泗州（今江苏盱眙）淮口，凡八百四十里一百三十步（约合今 420 千米）。地势，京师之地比泗州凡高十九丈四尺八寸六分（约合今 63.3 米）"。这一精确的数据，为当时及后来治理汴河提供了科学依据。沈括的分层筑堰测量法成为测绘学方面一个开创性的成果，具有较高的测量精度，在国际上也具有开创性。

沈括一生曾多次亲历治水工程，也是北宋时期重要的治水能臣和水利专家，为宋代的运河漕运做出了重要贡献。《梦溪笔谈》所记载的北宋水工高超的三节压埽法，是北宋埽工技术的杰出创造；真州闸的修建过程及价值作用，是中国运河河工技术领先于欧洲的有力例证；沈括本人治理汴河所发明的分层筑堰测量法，亦是世界测量史的重要成就。

## 第五节 《河防通议》

> 后世治河，悉守为法。
>
> 采摭大河事迹，古今利病，为书曰：河防通议，治河者悉守为法。
>
> ——元代托克托《宋史·沈立传》

庆历八年（1048），黄河决于澶州商胡埽（今河南濮阳）。沈立（1007—1078）时任屯田员外郎，主持堵塞决口。治河期间，沈立"采摭大河事迹、古今利病"，著成《河防通议》，后世"治河者悉守为法"。沈立首著之《河防通议》后已失传，现存《河防通议》系元人沙克什（1278—1351，元、明文献中也作"赡思"）于至治元年（1321）根据沈立本（即汴本）、周俊（生卒年不详）《河事集》以及金代都水监本（即监本）整理而成。

《河防通议》是宋、金、元三代（10—14世纪）治理黄河的重要文献，是中国现存最早的河工技术专著。《河防通议》分作六门内容：第一河议：介绍治河历史、堤埽利病、水文、土脉和河防规章制度；第二制度：介绍开河、闭河、测量、修岸、捲埽等方法；第三料例：是有关修筑堤岸、闸坝、捲埽等的用料和计工办法；第四功程：有关修筑、开掘、砌石岸、筑墙和采买物料的规格和计算；第五输运：是关于船只装载量、运输计工、物料体积以及土方劳动定额的计算方法；

175

《河防通议》·民国抄本

第六算法：有关各种料物及建筑物构件体积及物料配置的计算。《河防通议》是我国古代数学在水利工程的应用方面最为丰富和系统的文献记载。

## 河工功程

功程，是古代河防工程中计算劳动定额的规定。"功"是劳作定额，"程"则指考核计算方法。《河防通议》中，首次对"功"与"功程"进行了系统总结，其中包括：

**根据不同时节确定工时**

《河防通议》引用《唐六典》中的工时标准，"每日收五时辰功，每时收二分"，经换算，河工每日劳作四个时辰。二、三、八、九月，河工每日需完成标准劳作时长，即"中功"；四、五、六、七月，昼长夜短，河工需完成"长功"，多作一成工时；十、十一、十二、正月，则只需完成"短功"，少作二成工时。如遇风雨寒暑等特殊天气，巳正至未正（10:00—14:00）时段，允许河工休息。

### 假日规定

天寿节（金元时期的天子生辰）、元日（农历正月初一）、清明以及冬至，放假一日；遇祖父母、父母的吉事、凶事，或本人嫁娶，放假三日；遇妻子的吉事、凶事，放假两日。

### 根据施工环境优劣确定不同工种的劳作定额

河工工种主要有：运土填方、挖方出土，修砌石岸，打筑堤道，造船，打桩，编制竹索绵绳，采打石段，斫橛材，削橛子，杂栽榆，浇灌担水等。宋元以后，水利施工中各项定额的计算大体遵循上述原则，只是具体数字不同而已。

《河防通议》对施工环境优劣的各功程做了具体规定，如：

> 开挑塞河，开挑装担，有泥泞以一百五十（立方）尺为功，无泥泞以三百（立方）尺为功。
>
> 打筑堤道，开掘装担，以二百（立方）尺为功（地里远近，别计折除）；打筑以八十（立方）尺为功。

## 历步减土

"历步减土"，是根据不同取土距离来确定不同的劳动定额。这一方法由《河防通议》首先总结，在历代堤防工程施工定额计算中普遍采用。

历步减土法的具体内容是：把筑堤取土按距离远近划分为七个区间，按不同区间规定其劳动定额的标准（即一个"功"应完成的土方量），随着运土距离的增加，每个"功"完成的土方量递减。同时还规

## 第四章　宋元时期

定了与运土配合的装土、夯土的定额。

历步减土法表明宋元时期水利施工管理已有科学的量化标准。对于堤防、运河等大规模土方作业，依据数学计算进行施工管理，表明管理水平的提高。

# 防洪法令

泰和二年（1202），金廷颁布《河防令》，是在宋代治河法规基础

《河防令》·《河防通议》，民国抄本

上，所制定关于黄河和海河水系诸河的河防修守法规，也是现今所能见到最早的系统防洪法令。《河防令》共十一条，原文早佚，后经删节成十条，保存于《河防通议》中。

《河防令》的颁行，曾对金代的黄河、海河水系的防洪工作起过重要作用，对后世的河防管理也产生过积极的影响。

《河防令》的主要内容有：①朝廷户、工两部每年派出大员沿河视察，督促都水监以及地方州县落实河防修守工作；②防汛情况可通过驿站快马传递；③州县负责河防的官员每年六月初一至八月底需上堤防

## 第四章 宋元时期

汛，河兼管河防的县官在非汛期也要定期上堤指挥境内修防；④沿河州县官吏防汛的功过都要上报；⑤河工埽兵平时按规定放假；河防汛情紧急，防守人力不足时，沿河州府负责官员可与都水监官吏及都巡河官商定所需数量，临时征派；⑥河防军士民夫患病需要就医，由都水监向州县支取药物，费用由官府发给；⑦埽工、堤岸出现险情时，由分治都水监和都巡河官员负责指挥官兵加固护守；⑧堤防埽工情况每月报告工部，转呈主管朝廷政务的尚书省；⑨除设有埽兵守护的滹沱河、沁河等，其他有洪水灾害的河流出现险情，主管及地方官府要派出民夫进行紧急抢险；⑩卢沟河（今永定河）由县官和埽官共同负责守护，汛期派出官员监督、巡视、指挥。

## 水信有常

中国大部地区受季风气候影响，降水和水文现象呈现出明显的规律性。早在春秋战国时期，先民就已经注意到，"秋水时至，百川灌河"（《庄子·秋水》）"七、八月之间雨集，沟浍皆盈"（《孟子·娄离下》），说明当时已经具有秋汛概念。同时，还能准确描述某些河流的水汛特征，并利用河流水汛规律指导筑堤防洪实践。《管子·度地》中就指出，要在"冬时行堤防"考察，以便作出修筑堤防的计划，乘"春三月，天地干燥，水纠裂（解冻）"和"山川涸落（山川干涸而水位低落）"之时动工，并要求"取土于（河）中"，排除淤积泥沙，增加河床泄水能力使即将到来的汛期"浊水入之不为败"。至汉代则又在秋汛之外，提出桃汛的概念，所谓"来春桃华水盛，必羡溢"（《汉书·沟洫志》），开始将物候作为河流汛情随时间变化的参照物。

《河防通议》首次对全年十二个月里的黄河水汛涨落有形象命名和成因描述：

## 第五节 《河防通议》

黄河自仲春迄秋，季有涨溢。春以桃花为候，盖冰泮（pàn）水积，川流猥集，波澜盛长，二月、三月谓之桃花水；四月，陇麦结秀，为之变色，故谓之麦黄水；五月，瓜实延蔓，故谓之瓜蔓水；朔方之地，深山穷谷，固阴冱（hù）寒，冰坚晚泮，逮于盛夏，消释方尽，而沃荡山石，水带矾腥，并流入河，六月谓之矾山水。今土人常候夏秋之交有浮柴死鱼者谓之矾山水，非也；七月、八月，荻（tǎn）乱花，出谓之荻苗水；九月，以重阳纪候，谓之登高水；十月，水落安流复故漕道，谓之复漕水；十一月、十二月，断凌杂流，乘寒复结，谓之蹙（cù）凌水；立春之后，东风解冻，故正月谓之解凌水。

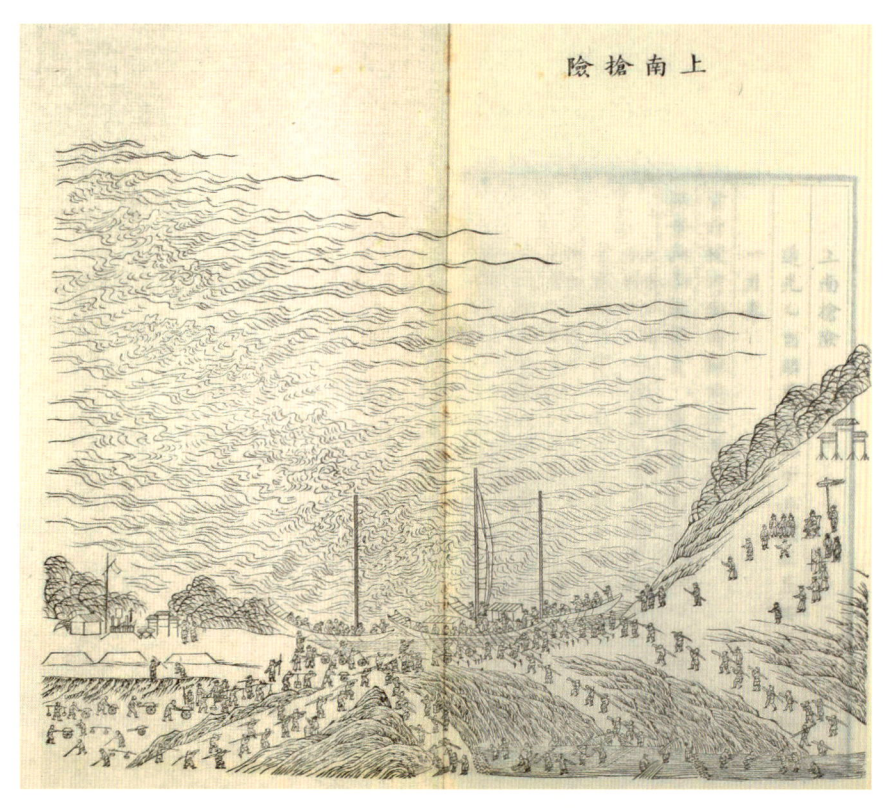

上南抢险·《鸿雪因缘图记》，清道光二十九年（1849）刻本

## 第四章 宋元时期

物候和水汛相对应的变化是有规律的自然现象，即"水信有常，率以为准"。而二者的规律都来自季节变化和季风气候，可见《河防通议》对其对应关系的总结是科学的。《河防通议》对于水汛的记载是中国古代水汛学成熟的重要标志，后来的《宋史·河渠志》也有基本相同的记载，这些经验性的水汛知识直至清代还依旧发挥积极作用。

## 开河闭河

"开河"即开辟河道，"闭河"即堵塞决口，《河防通议》专设"开河""闭河"两节，总结其技术要点。

《河防通议》系统总结了宋元时期及其以前有关河防工程的施工方法、管理经验，是13世纪中国河工技术水平和水利工程施工水平的代表作。该书对工程问题论述详细具体，突破了历代以来研究治河只论其原则，不论其方法的传统。

"开河"的主要技术要点如下：①开河前须先勘验地形、水势，"自古但遇开河，宜先于上流相视地形，审度水性，测望斜高"；②冬季备料，春季解冻后施工；③施工时在与旧河相接处留一隔堰，保证新开河道干燥的施工环境。新河挖成后，于涨水时节掘开隔堰，乘水势冲去隔堰；④新河与旧河方向垂直或斜交，新河开挖施工方法有所不同。如欲将黄河全入新道，尚须于上游修筑分水堤，将主流分至新河方向，如此也便于旧河自然淤塞。

"闭河"的主要技术要点如下：①在决口口门两岸设立测量"表杆"，用以指导闭河工程进行；②在决口口门上游架设浮桥，以便河工通行，并通过浮桥的架设以减缓决河流势；③借助浮桥，下撒木桩，再于木桩上游抛下石头、树木，进一步减缓流势，减轻堵口合龙的压力；④从决口两端分别向口门中央筑堤埽推进。堤埽共五道，三道草埽，两

龙合工弁

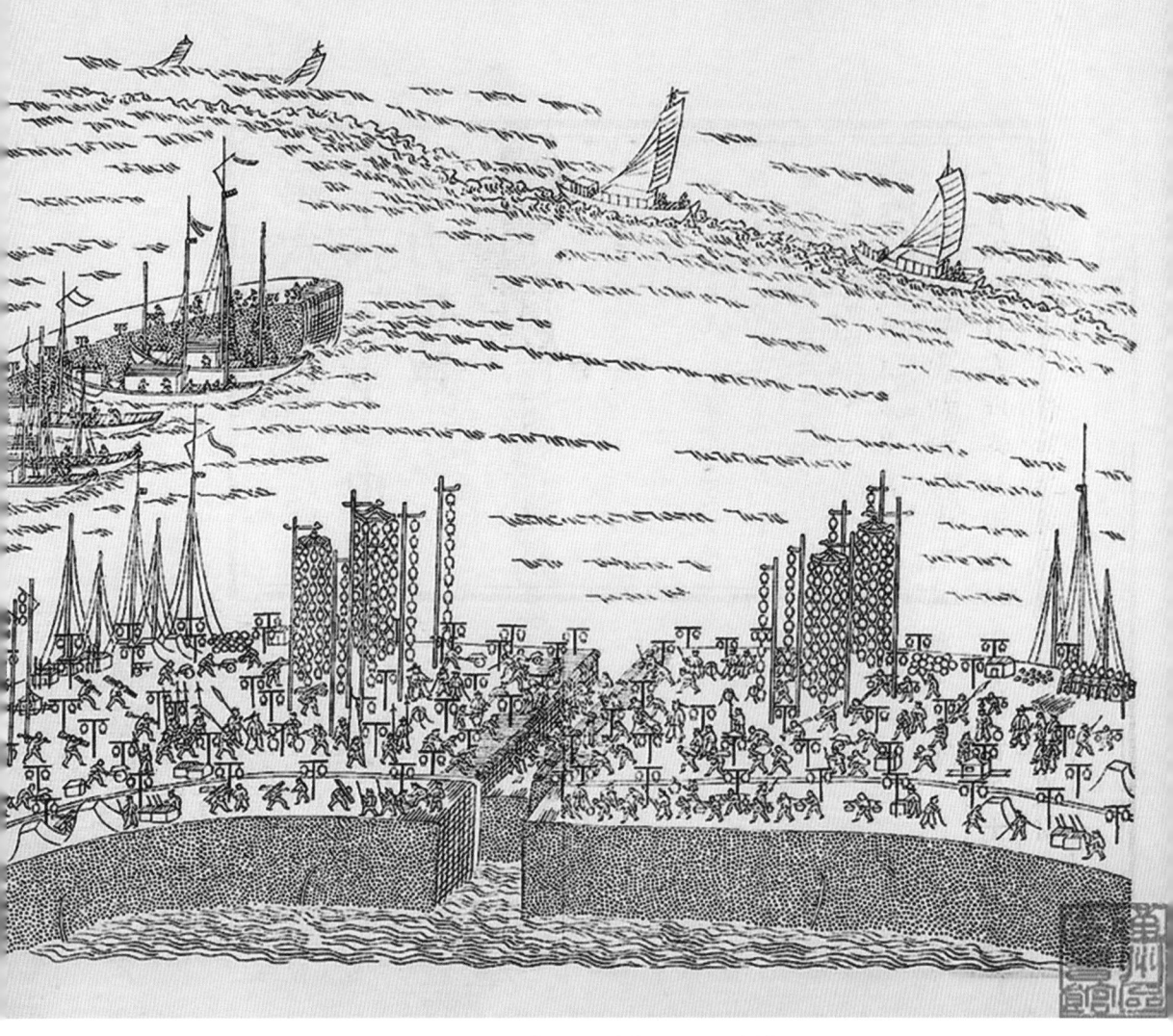

弁工合龙·《鸿雪因缘图记》，清道光二十九年（1849）刻本

道土堤。其间或有不严密处，则抛席袋土包；⑤待至合龙时，水势愈加湍急，需要加大堵闭强度，大量抛下土袋土包，并鸣锣击鼓以助声势；⑥合龙后，龙口处尚有细流，必要及时在龙口上游修筑压口堤。如还有渗流，再用胶土填塞，堵口工程即告完成。

## 第六节 《王祯农书》中的水力机械

> 水具巧捷，日浸百畦。
>
> 翻翻联联衔尾鸦，荦荦（luò）确蜕骨蛇。分畦翠浪走云阵，刺水绿针抽稻芽。洞庭五月欲飞沙，鼍（tuó）鸣窟中如打衙；天公不见老农泣，唤取阿香推雷车。
>
> ——北宋苏轼《无锡道中赋水车》

元朝兴衰不过百年，却留下三部重要的农学著作，《农桑辑要》《农桑衣食撮要》以及最具影响力的《王祯农书》。

《农桑辑要》是由元代专管农桑、水利的中央机构"司农司"主持编写，初稿由孟祺（1241—1291）于至元十年（1273）完成，后经畅师文（1247—1314）修订，于至元二十三年（1286）进献朝廷。该书共6.5万余字，分作7卷，主要继承了《齐民要术》的内容。

《农桑衣食撮要》的作者是元代鲁明善（生卒年不详），成书于延祐元年（1314）。《农桑衣食撮要》又称《农桑撮要》，全书共11000余字，所载农事208条，内容上与《农桑辑要》有相似之处，皆为涉及农业生产和农村生活的百科性、综合性农书。

《王祯农书》成书于公元1300年前后，原书约32万字，但多半已佚，仅余"农桑通诀""百谷谱""农器图谱"三部分，约13万余字。"农桑通诀"共6卷19篇，即农业通论，论述了农业、牛耕和桑业的起源；农业与天时，地利及人力三者之间的关系；耕、耙、种、锄、

## 第六节 《王祯农书》中的水力机械

粪、灌、收等各个生产环节，以及泛论林、牧、纺织等有关技术和经验。"百谷谱"共有4卷11篇，是农作物栽培各论的部分，分项叙述了各种大田作物，以及蔬菜、水果、竹木、药材等种植、保护等栽培技术以及贮藏和利用的方法。"农器图谱"是全书重点，共有12卷，篇幅约占全书八成，附图306幅，分作20门，无论数量还是质量都是空前的。

王祯认为"田非器不成"，他在"农器图谱"中对各种农具逐一用文字说明，并简要地介绍每种农具的起源、发展和演变过程，农具的结构形态、尺寸大小、使用方法以及功效。同时绘成农器图谱，配以诗歌，图、文配合，便于学习制作。"农器图谱"的"灌溉门"中记载了多种水利灌溉机械。

《农桑辑要》·元延祐时期刊大字本

《农桑衣食撮要》·明刻本

# 第四章　宋元时期

## 汲水工具

桔槔是中国古代最早的汲水机械，其名最早见于《墨子·备城门》，作"颉皋"。《庄子·天地》中对桔槔的形制以及工作原理有具体记载："凿木为机，后重前轻，挈水若抽，数如泆汤，其名为槔。"由此可知，桔槔是杠杆原理的典型应用，即将支架立于水源附近，中间架起横杆，当中为支点，末端悬挂重物，前端下系水桶。由于杠杆末端的重力作用，改变用力方向，水便被轻易地提拉到所需处，虽工作时间延长，却节省体力。

《物原》记载，"史佚始作辘轳"。史佚（生卒年不详）是西周初年的史官，若以此为据，辘轳当有 3000 年左右的历史。"辘轳"一词始见于《墨子·备高临》，写作"鹿卢"，为滑轮起重装置，并非农用提水工具。秦汉时期随着农田灌溉事业的发展，原来只适宜浅井提水的桔槔已经不能适应需要。于是先民将滑轮起重装置应用于深井提水，发明了提取井水的辘轳。李斯（公元前 280—前 208 年）《仓颉篇》记载，"椟栌（dú lú），三辅举水具也"，是长安三辅（今陕西中部）地区常见的汲水工具。《王祯农书》中所记载的辘轳是双辘轳，可"顺逆交转"，其提水过程是"虚者下，盈者上，更相上下，次第不辍，见功甚速"。即在同一辘轳下挂两个水桶，上升的水桶从井水中汲满水，下降的空水桶到井中汲

### 第六节 《王祯农书》中的水力机械

水，将一个水桶的工作行程与另一个水桶的空回行程合并，以提高汲水效率。同时，空水桶可平衡盛水桶的一部分重量，操作者比较省力。

## 灌溉机械

《后汉书》和《三国志》中都有水车发明的记载，唐代水车开始推

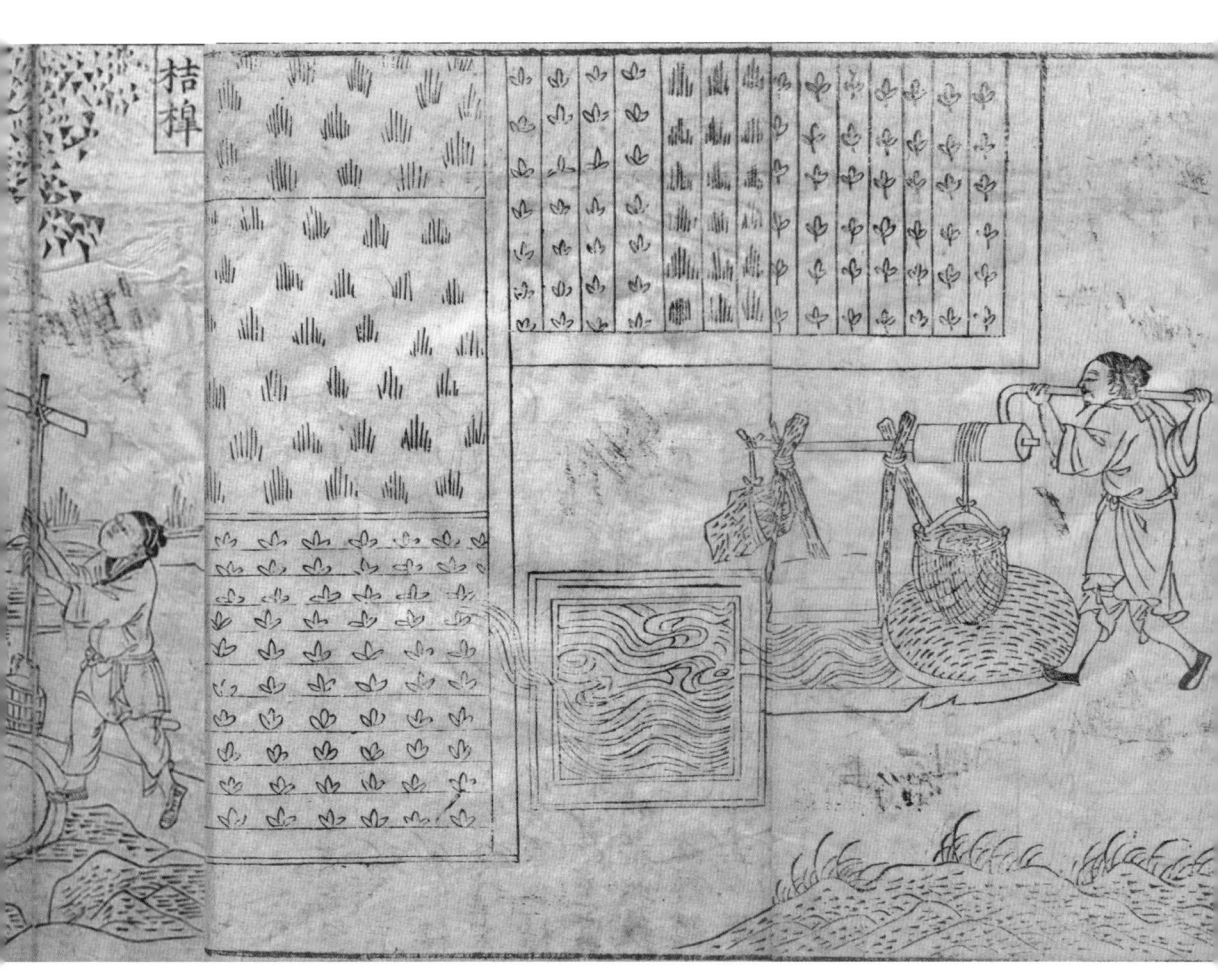

桔槔（左）和辘轳（右）·元《王祯农书》，嘉靖九年（1530）山东布政使司刻本

## 第四章 宋元时期

广使用,大和二年(828),文宗(826—840年在位)"内出水车样,令京兆府造水车,散给缘郑白渠百姓,以溉水田"。《王祯农书》中并以"水车"来专指或泛指灌溉器械,而是根据人力、畜力以及水力等不同动力,冠以各自的专业名称。

### 翻车

翻车即龙骨水车,最早出现于东汉,是最为复杂、零部件最多的古代农业机械,在近代水泵发明之前,一直是世界上最先进的提水工具。《后汉书·张让传》记载:汉灵帝中平三年(186),"令毕岚(?—189,十常侍之一)……又作翻车、渴乌"。毕岚所制翻车是为"洒南北郊路,以省百姓洒道之费",相较桔槔、辘轳等汲水机械,可连续提水,具有明显优越性,但其是否为后世之龙骨水车,就不得而知。后魏明帝时期(226—239),马钧(200—265)继毕岚之后,又对翻车进行重要改进,

翻车(左)、牛转翻车(中)和水转翻车(右)·元《王祯农书》,嘉靖九年(1530)山东布政使司刻本

## 第六节 《王祯农书》中的水力机械

并首次用于农业排灌，《王祯农书》中明确说道："翻车，今人谓龙骨车也。"南宋陆游（1125—1210）在《春晚即事》一诗中写道："龙骨车鸣水入塘，雨来犹可望丰穰。"这是龙骨水车称呼的最早记载。马钧改进后的翻车，其结构精巧，运转省力，"令童儿转之，而灌水自覆，更入更出，其巧百倍于常"。隋唐时期，出现了牛转翻车、脚踏翻车，宋元时期，又有水转翻车，《王祯农书》中都有其形制的记载，并称赞说"水具中机械巧捷，惟此为最"。其中牛转翻车汲水量最大，水转翻车只能在有水流落差的地方使用，适用性较小。还有风力翻车，也是出现于宋元时期，《王祯农书》中没有记载，至明代以后，才开始在南北各地得到推广。

### 筒车

筒车是引水灌溉的机械，利用人力、畜力或水力，使挽水之筒相继随轮转动，至高处时，筒内之水自动倾入特设承水槽内。筒车的始源时

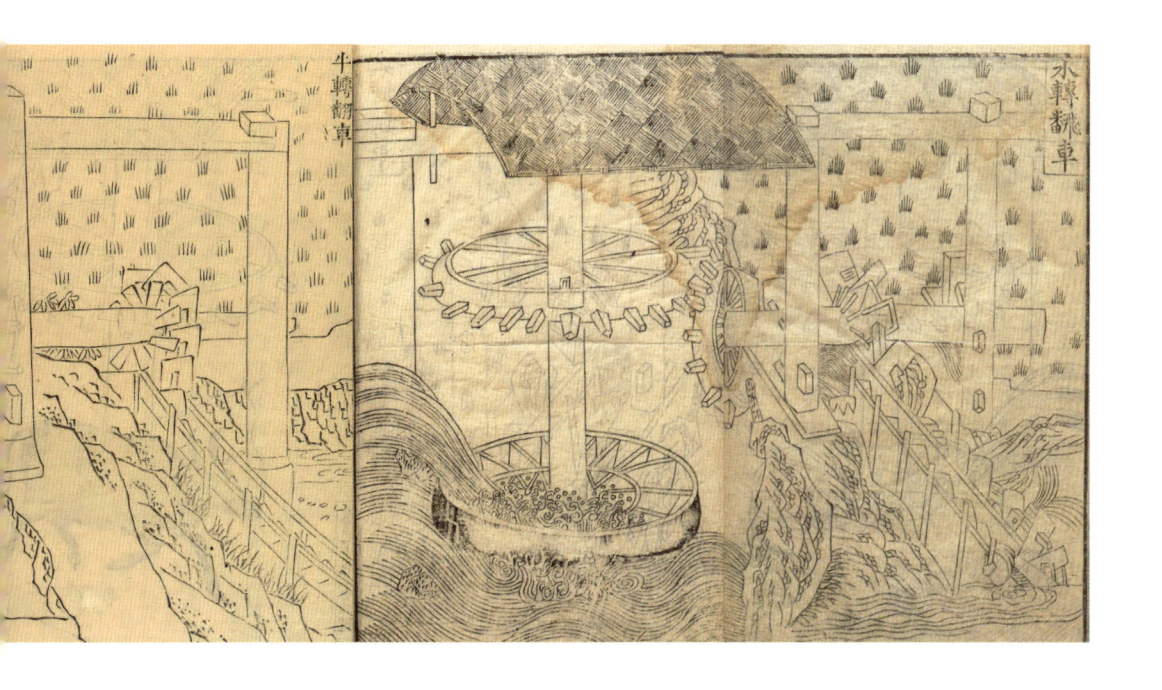

## 第四章 宋元时期

间与地点，目前尚无力作考证论定。从文献记载来看，筒车的出现可能不晚于唐代，起源于南方地区，后逐渐传播到北方。唐代陈廷章（生卒年不详）《水轮赋》中所描述的"水轮"就是一种类型的筒车，"鄙桔槔之烦力，使自趋之转毂"，汲具一般是竹筒，系在水轮上，以水力为动力，冲动水轮自动运转而提水。"水能利物，轮乃曲成。升降满农夫之用，低回随匠式之程……观夫斫木而为，凭河而引，箭驰可得。而滴沥辐辏，必循乎规准"，可见当时筒车的制作已有一定的规程。筒车结构简单，取材方便，不劳人力，在宋代便已广泛流行于民间，及至近代仍是农村常用的水力机械。

**卫转筒车（一）和筒车（二）·元《王祯农书》，嘉靖九年（1530）山东布政使司刻本**
　　卫转筒车是在流水筒轮近岸一边再安装一对啮合的竖轮和平轮，于平轮之下，驱驴拽转，通过齿轮啮合传动，把动力传递给筒车，从而实现汲水上岸的目的。
　　筒车是以流水之力驱单轮运转，引水上岸。

## 第六节 《王祯农书》中的水力机械

按结构和驱动方式的不同，《王祯农书》将筒车分成流水筒轮、卫转筒车、高转筒车以及水转高车四类。流水筒轮和水转高车适于流水，卫转筒车和高转筒车则用于池、湖之类静水的汲取。

宋元时期，是翻车和筒车的兴盛时期。翻车"凡临水地段，皆可置用"，对于平原、丘陵以及山区等不同地理环境，都表现出广泛的适应性，是一种技术与地理的完美结合。筒车在普及程度上略逊于翻车，只适用于南方丘陵山区的特殊地形和水利条件，但在明清时期，山地农业发达，筒车也成为山地灌溉之利器。18世纪以后，国家人口迅速增加，充足廉价的劳动力能够满足生产的需要，中国古代传统的水力机械自此陷入沉寂。

高转筒车（三）和水转高车（四）·元《王祯农书》，嘉靖九年（1530）山东布政使司刻本

高转筒车适用于近水岸高的田地，在水边和高岸上各安置一轮，以索系筒悬于两轮间，以人力或畜力拽转上轮，如此筒斗相继入水，汲水而上，倾入岸上槽中，循环不已。
水转高车在流水高岸侧，如高转筒车设两轮，下轮在流水驱动下运转，将流水引至高处。

# 第五章 明清时期

或有问于驯曰:"河有神乎?"驯应之曰:"有……神非他,即水之性也。"

——明代潘季驯《河防一览·河议辨惑》

明清时期,统治者在意识形态领域实行高压政策,自然科学的发展受到严重阻碍,水利及其科学技术在此背景之下也是举步维艰。但这一时期,总结性水利科学著作相当丰富,防洪治河工程技术方面,有万恭(1515—1591)的《治水筌蹄》和潘季驯(1521—1595)的《河防一览》;农田水利方面,有徐光启(1562—1633)的《农政全书》和清乾隆年间官修的《授时通考》;运河漕运方面,有王琼(1459—1532)的《漕河图志》、谢肇淛(1567—1624)的《北河纪》、陆曜(生卒年不详)的《山东运河备览》以及张伯行(1651—1725)的《居济一得》等。江浙海塘防潮工程在明清两代也有重要发展,鱼鳞大石塘代表古代坝工的最高水平。灌溉和排水工程向边疆和山区继续发展,两湖、闽、广等地灌溉得到前所未有的开发,促成新的基本经济区的形成。总体来说,明清时期的水利建设既没有战国秦汉时期那种生机勃勃的宏大气势,也没有唐宋时期的技术先进和管理规范,与同时期西方近代科学技术相比,更是逐渐相形见绌,虽在两次西学东渐时期一度引进西方水力技术,但也未能得到普遍应用。

《河防一览图》

# 第一节 海塘工程

> 外遏咸潮，内引淡水。
>
> 沙崩岸塌风驾潮，潮头势与城争高。愚公移山或可障，精卫填石诚徒劳。海若东来神鬼泣，尾闾南泄鱼龙逃。邑兴大役官乏费，行矣板筑须时操。
>
> ——清代查慎行《海塘叹》

　　海塘是抵御海潮侵袭，防止海岸坍塌，保护沿海城镇、农田以及盐场等设施的堤防工程。海塘工程主要分布在江浙、福建等沿海地区，其出现和发展，是东南沿海地区经济不断开发和发达的结果。早期的海塘工程均是土塘，就地取土筑堤，施工简便，但御潮能力差。唐宋时期，出现以竹笼盛巨石垒起的竹笼石塘以及以柴薪和土层相间而筑的柴塘等海塘工程，虽相较土塘稳定性好，抗冲能力强，但竹木、柴薪久易腐朽，难以持久。明代，以条石砌成的石塘开始推广，黄光升（1506—1586）首创鱼鳞大石塘，是中国古代海塘工程技术的最高水平，后经清康雍乾三代不断改造、增建，最终在海宁、海盐一带筑成一道"海上长城"。

## 海塘起源

　　海塘工程的出现应不晚于汉代。《水经注·渐江水》引《钱塘记》记载：

# 第五章 明清时期

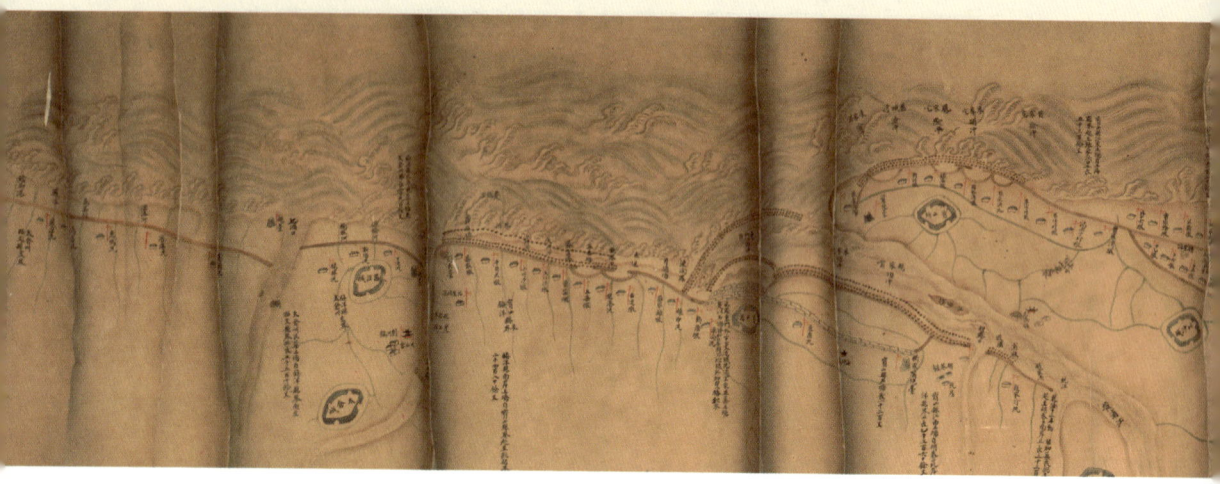

**《江南海塘图》**
美国国会图书馆·藏

郡议曹华信家议立此塘,以防海水。始开募,有能致一斛土者,即与钱一千。旬月之间,来者云集,塘未成而不复取。于是载土石者皆弃而去,塘以之成,故改名钱塘焉。

这是中国历史上关于海塘工程的最早记载,议曹是东汉官职,可见东汉时期钱塘江口一带,确有兴筑海塘抵御海潮的活动。江苏海塘的文字记载则稍晚,《北齐书·杜弼传》记载,"杜弼(490—559)……行海州事……于州东带海而起长堰,外遏咸潮,内引淡水",这是江苏海塘建设的早期记载。

## 捍海长堤

东南沿海地区东濒黄海,富渔盐之利。而盐业自古为国家财政之重,唐代盐业兴盛,当时"吴越扬楚盐廪至数千,积盐二万余石,有涟水、湖州、越州、杭州四场……岁得钱百余万缗,以当百余州之赋"。

## 第一节 海塘工程

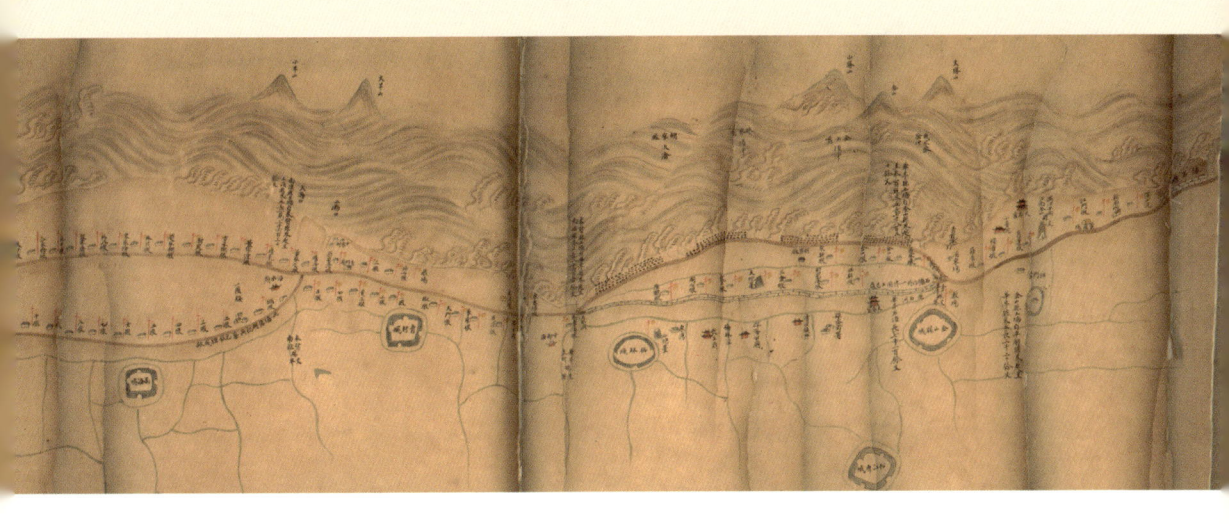

但东南沿海地区滩涂坦荡，常遇洪潮之祸，盐灶倾毁，田舍覆没，以为大患。大历年间（766—779），淮南西道黜陟使李承（722—783）在通州（今江苏南通）、楚州（今江苏淮安）沿海筑起长堤，长堤"东距大海，北接盐城，袤一百四十二里"。长堤建成后，能抵御咸潮，"遮护民田，屏蔽盐灶"，堤内谷物常丰，"岁收十倍"，故称常丰堰。

常丰堰历经唐末五代至宋初，"历时既久，颓圮不存"。天圣元年（1023），范仲淹（989—1052）任泰州西溪（今江苏东台）盐仓监，目睹"风潮泛滥、淹没田产、毁坏亭灶，"于是与江淮制置发运副使张纶（?—1085）合议在原常丰堰基础上重筑捍海堰。天圣六年（1028），捍海堰工程竣工，堰"长二万五千六百九十六丈六尺，计百四十三里，趾厚（宽）三丈"，其间范仲淹因母丧离任回乡，后期工程由张纶继任主持。范仲淹与张纶修筑的捍海堰，有"束内水不致伤盐，隔外潮不致伤稼"的功用。堰成后，原先为逃避海潮而流亡的居民，纷纷回乡生产，当时仅泰州就"复逋（bū）户二千六百"。由于海潮不复内侵，遂使"海濒沮洳潟（xì）卤之地，化为良田，民得奠居"。至和年间（1054—1056），海门知县沈

## 第五章 明清时期

起（1017—1088）又"筑堤七十里，自吕四至余西"，与范仲淹、张纶所筑的捍海堰相接。自此，通、泰、楚三州沿海筑起一条完整的捍海长堰，营造出中国面积最大和最早的滨海垦区，是中国海塘史上的伟大工程。

绍熙五年（1194），黄河夺淮入海，大量泥沙入海，陆地随之不断向大海伸展。南宋时，海"在盐城县东一里"，即在捍海堰之外。明宣宗时期（1426—1435年在位），大海则距捍海堰"三十余里"之远，捍海堰逐渐失去海塘的作用，因而后人遂改称为"范公堤"。

## 竹笼石塘

五代时期，吴越国定都杭州，钱塘江水时常侵蚀沿岸农田。开平四年（910），吴越王钱镠（liú，852—932）征发民夫在杭州候潮门外修筑捍海塘。最初是以"版筑法"，即两侧用木板夹峙，中间填土夯实的方式修筑土塘，但土塘经受不住潮水昼夜冲击，未能成功。后则"造竹器，积巨石，植以大木"，筑成竹笼石塘。竹笼石塘具体结构是：

> 以大竹破之为笼，长数十丈，中实巨石，取罗山大木数丈植之，横为塘，依匠人为防之制。又以木立水际，去岸二丈九尺，立九木作六重，象易既未济卦。由是潮不能攻，沙土淤积，岸益固也。

从上述记载可知，钱镠时期的竹笼石塘包括三部分：一是塘基，用数丈长的大木打入基坑作桩基；二是塘身，用大竹破开编成竹笼，每个竹笼长数十丈，在竹笼中装填巨石，垒成大堤；三是护塘工程，即在离堤岸二丈九尺远的水中，用木桩树立水际（即护塘桩），水际在《梦溪笔谈》中也作"滉（huàng）柱"，水际分九排六行排列，削减潮水对塘

第一节 海塘工程

石笼·元《王祯农书》，嘉靖九年（1530）山东布政使司刻本

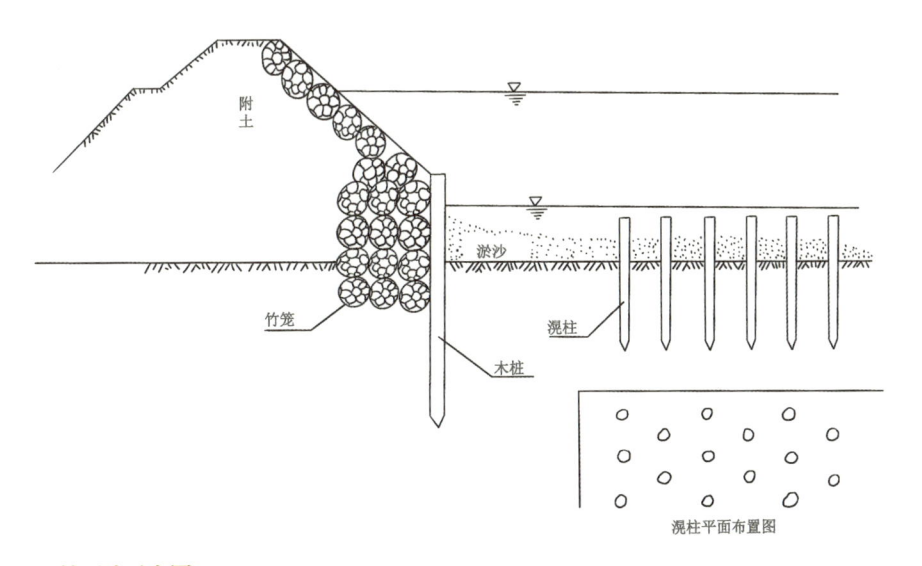

竹笼石塘示意图
| 王宪明参考郭涛《中国古代水利科学技术史》·绘 |

## 第五章 明清时期

身的冲击力,保护塘脚。竹笼石塘的抗潮能力相较土塘有明显提升,是海塘工程技术上的一大创举。此后,杭州有近百年没有潮患。

## 北宋石塘

五代至北宋初年,钱塘地区一直以吴越王钱镠旧法筑塘,然竹木久浸水中容易腐烂,需时常修缮,大量耗费人力、物力。大中祥符五年(1012),"浙江坏岸,渐逼州城",转运使陈尧佐(963—1044)与杭州知州戚纶(954—1021)借用黄河河工中的埽工技术,以柴薪和土层相间的方式筑起海塘,是谓"柴塘"。柴塘可以就地取材,简单易行,适宜于地基软弱的地段,在抢险中也常被采用,缺点则是柴薪易朽,塘身辄陷,需要经常维修。此外,柴塘能制潮,不能制风,在大风吹袭下,潮挟风力,有被层层掀去的危险。

北宋景祐四年(1037)工部侍郎张夏(生卒年不详)鉴于柴塘易损,首创石塘工程。张夏所筑石堤自六和塔至东青门(今杭州庆春门),"袤一十二里",纯用巨石砌成,并置捍江兵士、五指挥,专司采石修塘,随损随治。庆历四年(1044),杭州知府杨偕(980—1048)、转运使田瑜(生卒年不详)再用张夏旧法,大规模增修石塘,"长二千二百余丈,崇(高)五仞,广四丈",塘身以条石垒砌,共13层,迎潮面逐层内收,呈台阶形,使堤身更加稳定。石塘内侧密筑土堤加固,以防透水。水流最强处,用竹笼装小石置于顶冲处的塘脚下,保护塘脚。堤岸作圆折形,既可顺适水流,又可分杀水势。

北宋庆历七年至皇祐二年(1047—1050)王安石(1021—1086)任鄞县知县,创筑斜坡式石塘,称为"坡陀塘",这种结构,将过去海塘陡立式迎水面改为倾斜式,能较好地削弱潮浪的冲击能量,保证塘身的安全,而且砌筑简易,节省工料,说明当时筑塘技术又有较大的进展。

## 第一节 海塘工程

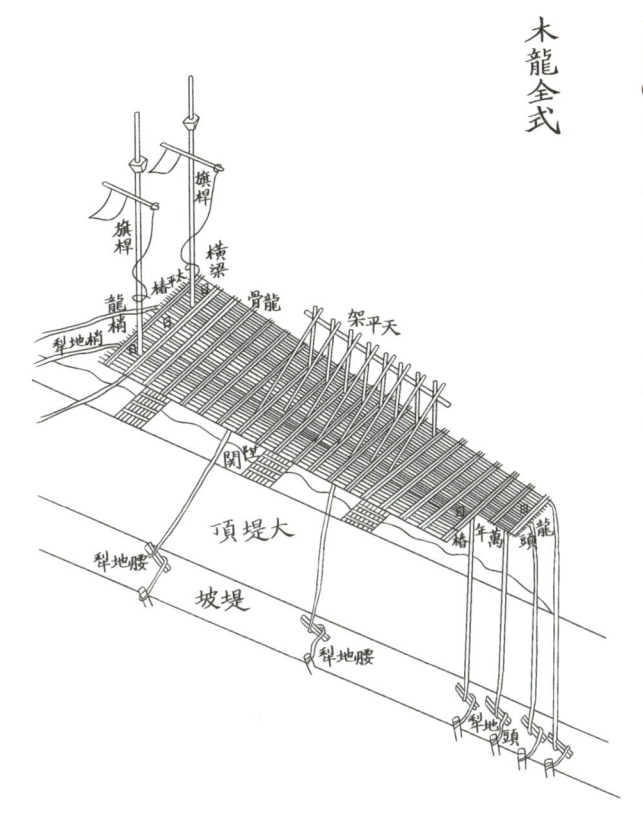

### 木龙·清麟庆《河工器具图说》,道光十六年(1836)云荫堂刊本

| 王宪明·绘 |

陈尧佐是北宋治水专家,不但创筑柴塘,还首创了木龙,然其具体做法没有流传下来。木龙是中国古代的护岸工具。天禧五年(1021),陈尧佐任滑州知州时,城"西北水环,城无外御,筑大堤,又叠埽于城北,护州中居民。复就凿横木,下垂木数条,置水旁以护岸,谓之木龙。当时赖焉"。元代贾鲁堵白茆决口时,也曾"以龙尾大埽密挂于护堤大桩,分析水势"。

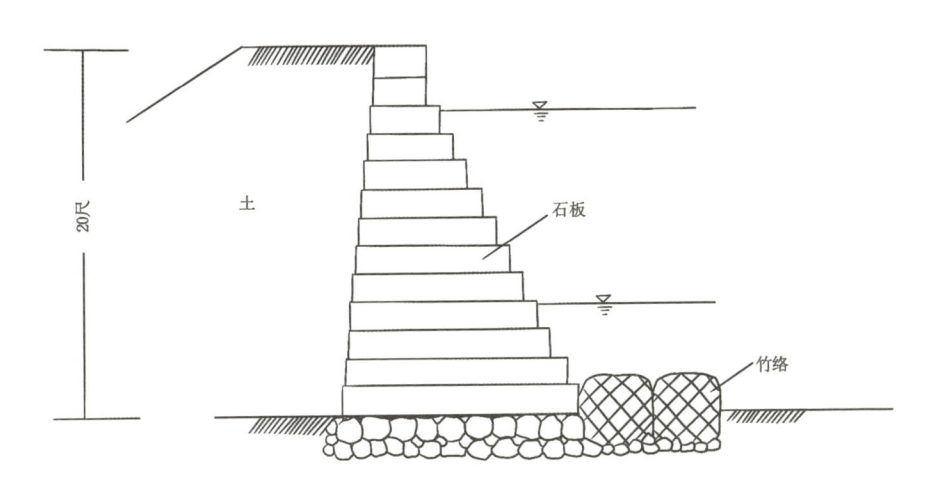

北宋杨偕、田瑜立墙式石塘断面结构示意图

| 王宪明参考郑肇经,查一民《江浙潮灾与海塘结构技术的演变》·绘 |

第五章　明清时期

**王安石料坡式石塘**

| 王宪明参考郑肇经、查一民《江浙潮灾与海塘结构技术的演变》·绘 |

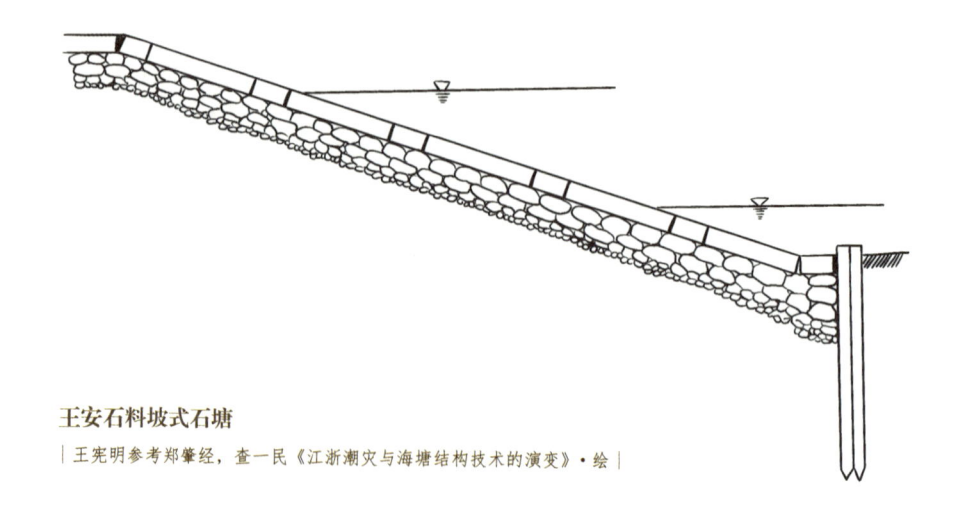

## 鱼鳞石塘

元至正元年（1341），余姚州判叶恒（生卒年不详）修筑余姚石塘的筑法是："布杙（yì，木桩）为址，前后参错，杙长八尺，尽入土中；当其前行，陷寝木以承侧石，石与杙平，乃以大衡纵横积叠而厚密其表，堤上侧置衡石若比栉然；又以碎石傅其里而加土筑之。"叶恒的创新是用木桩做塘基，加强了粉沙土地基的承载力，并在石塘内坡与土体结合处，用碎石作为反滤层，塘基迎水面在寝木上置侧石，防止潮流掏刷塘脚。

明弘治元年（1488），海盐知县谭秀（生卒年不详）继承叶恒的筑塘法，修筑海盐石塘。塘底以木桩固基，上砌条石，石塘外侧下宽上窄，成斜坡形，以杀潮势，内侧上下齐直，再加附土坚筑，以防侧倒。明弘治十二年（1499）海盐知县王玺（生卒年不详）改革谭秀的筑法，采用纵横交错的叠石法，使石与石之间互相牵制，增加塘身的稳固。

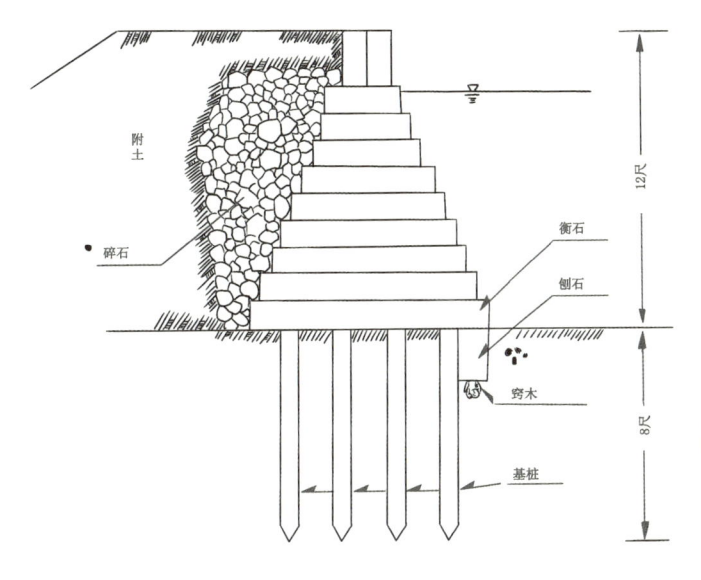

第一节 海塘工程

**元代叶恒重力式桩基石塘断面结构示意图**

| 王宪明参考郑肇经，查一民《江浙潮灾与海塘结构技术的演变》·绘 |

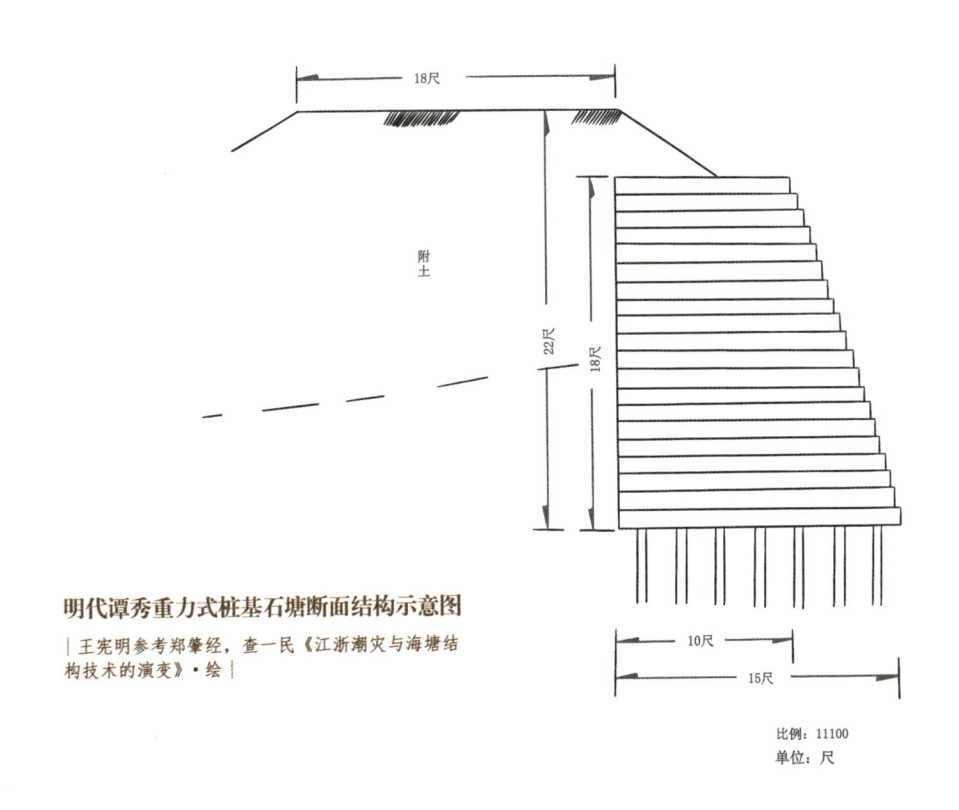

**明代谭秀重力式桩基石塘断面结构示意图**

| 王宪明参考郑肇经，查一民《江浙潮灾与海塘结构技术的演变》·绘 |

比例：11100
单位：尺

# 第五章　明清时期

明代嘉靖二十一年（1542），浙江水利佥事黄光升将元代叶恒、明代谭秀、王玺等前人筑塘经验加以改进，首创鱼鳞大石塘，是中国古代海塘工程技术的集大成者。

黄光升鉴于以往海塘"塘根浮浅"和"外疏内空"根本缺陷，着重改进海塘工程的基础和塘身结构：

一是塘基清理。筑塘前，"先去沙涂之浮者，四尺许见实土，乃入桩"，如此，地基的承载能力便大为提高，基本解决了刚性结构与软基的结合。

二是条石选材。筑塘所用条石均要"琢必方，砥必平"，成"长以六尺，广厚以二尺"的统一规格。这样，条石之间更能平顺相贴，保证砌筑质量，从而增强塘身结构的整体性和强度。缺点则是造价较高，每丈石塘需耗银三百两。

三是砌筑方法。条石纵横砌筑（与塘体垂直放置为纵石，平行放置为横石），层与层之间跨缝成品字形砌筑，使条石之间能紧密结合，"以自相制，使不解散"。条石的放置也有周密设计：第一、二层，纵横各五；三、四层，五纵四横；五、六层，四纵五横；七、八层，纵横各四；九、十层，三纵五横；十一、十二层，纵横各三；十三、十四层，三纵二横；十五层，二纵三横；十六层纵横各二；十七层，二纵一横；十八层是塘面，一纵二横。条石之间用铁锭联结，石塘背后培筑土堆。石塘外形集坡陀塘式和直立塘式特点，在迎水面和背水面断面上砌石逐层微微内收。由于塘身迎水面成"阶级形"，"使顺潮势"，又"无壁立之危"，避免与潮浪正面顶撞，提高了海塘的抗冲击能力。

康熙（1661—1722年在位）后期，由于钱塘江口河道演变和海潮流势变化，钱塘江潮主流转向海宁，而海宁海塘"旧皆叠土镶石，一线危堤，绵直一万数千余丈，受朝夕两潮冲掣"。为此，康、雍、乾三朝"不惜百万帑金，为建鱼鳞大石塘"，对钱塘江口北岸一带旧塘进行大规模重修、改造，最后将海宁县（今浙江省海宁市）沿海四百多里旧塘全部修筑成"鱼鳞大石塘"。明代黄光升石塘解决了刚性工程结构与软基结合以及石塘塘体稳定两个主要工程问题。清代鱼鳞大石塘则是继续完善了条石形制、接缝以及桩基施工和基础处理工程。自此鱼鳞大石塘将传统海塘工程技术发展到最高水平，也是中国古代大型水利工程建筑技术的终极。

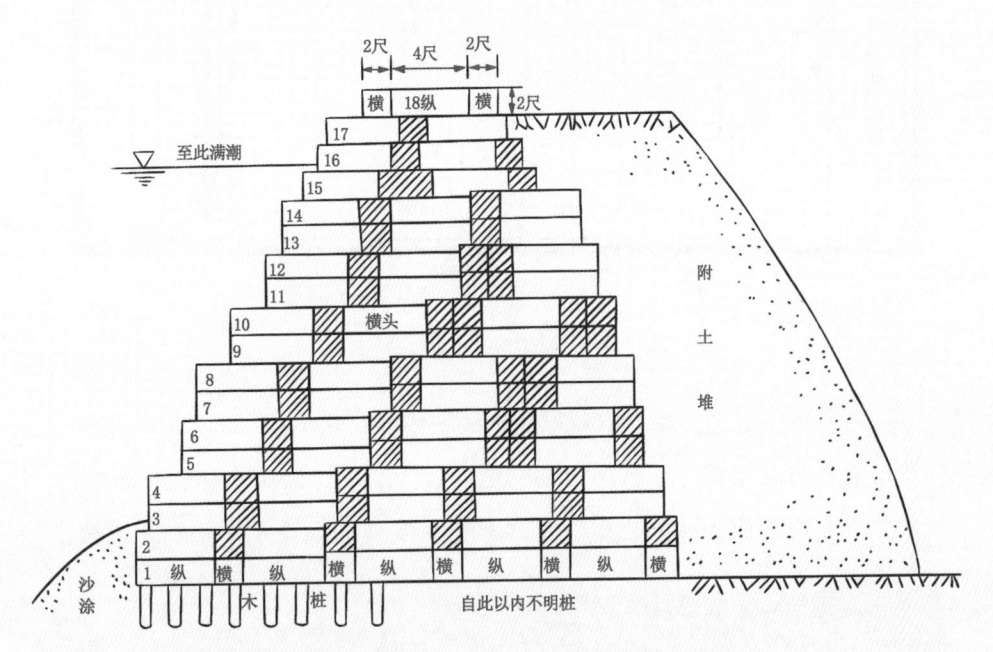

**明代黄光升五纵五横桩基石塘图**

| 王宪明参考郭涛《中国古代水利科学技术史》·绘 |

## 第二节 北方地区的井灌发展

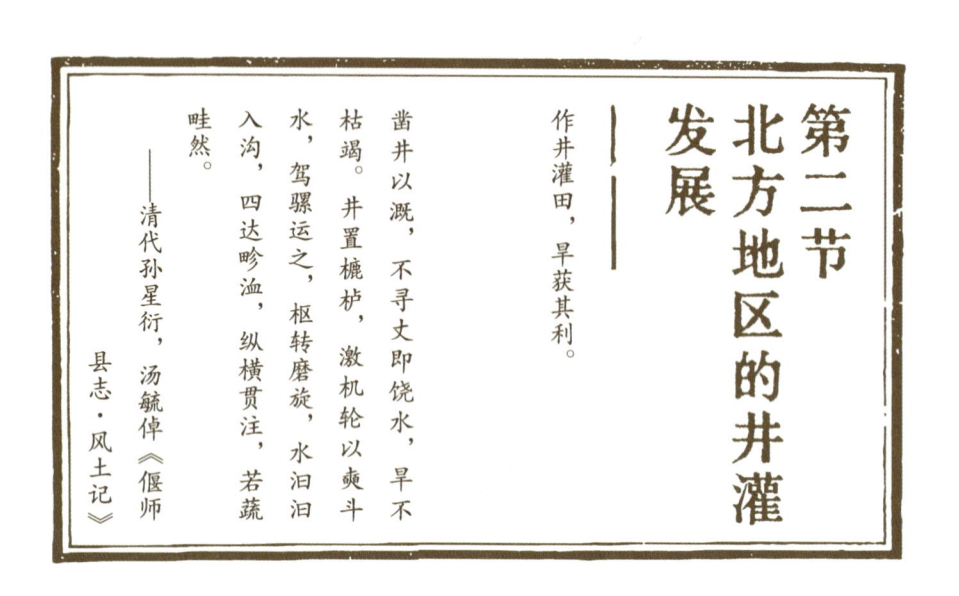

> 作井灌田,旱获其利。
>
> 凿井以溉,不寻丈即饶水,旱不枯竭。井置橰栌,激机轮以夹斗水,驾骡运之,枢转磨旋,水汨汨入沟,四达畛洫,纵横贯注,若蔬畦然。
>
> ——清代孙星衍,汤毓倬《偃师县志·风土记》

新石器中晚期,原始农业发展到锄耕阶段,耕地相对固定。先民建造村落,自此定居,在远离河湖的地方,为解决生活用水和农业灌溉,凿井寻泉也就成为必要之事。井之形制众多,《农政全书·水利》记载:

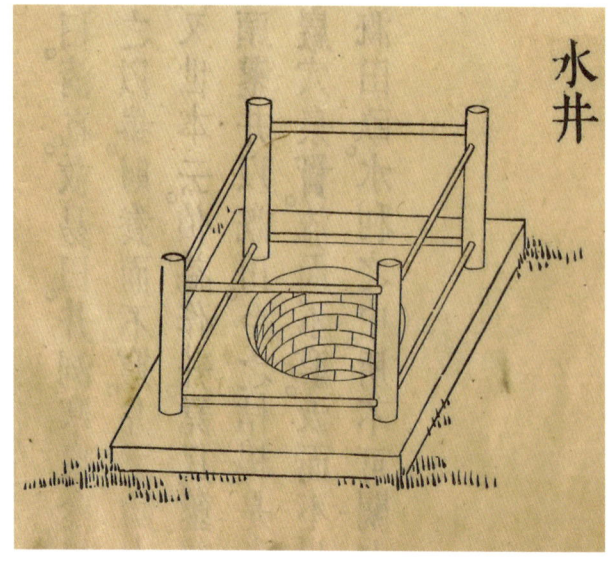

水井·清代鄂尔泰,张廷玉《钦定授时通考》,清乾隆七年(1742)内府刻本

## 第二节　北方地区的井灌发展

"井有石井、砖井、木井、柳井、苇井、竹井、土井，则视土脉之虚实纵横，及地产所有也。"两汉以后的井以土井、砖井为主，明清时期大口径的水车井增多，井深常达数丈。中国的井灌历史悠久，《周书》中就有"黄帝穿井"的记载。在河姆渡遗址中，更是发掘出一座方形木构水井，年代距今5700年。春秋以降，随着汲水工具桔槔的出现，井灌逐渐成为农业灌溉的重要组成部分，特别是在地表水资源相对匮乏的北方地区，对其尤为依赖。明清之前，历代井灌都有不同程度的发展，囿于分布零星，规模较小，对农业生产的促进作用十分有限。明清时期，北方地区旱灾频仍，人口与耕地激增。于是，"费省工简"的井灌迅速发展，逐步形成大范围的井灌区。

凿井必先寻泉。北宋方勺（1066—?）之《泊宅编》曾记载："古法，凿井者先贮盆水数十，置所欲凿之地，夜视盆中有大星异众星者，必得甘泉。"明末《农政全书》另总结有气试、盘试、击试、火试四种寻泉之法。清末《救荒简易书》也介绍多种方法："草木茂盛处其下必有甘泉""缕蚁穴多处其下必有甘泉""水盆望星以知甘泉""覆盆露珠以知甘泉""羊毛潮湿能知甘泉""烟气曲折能知甘泉"等。此外，还有增加新、旧井出水量的方法："旱年新井不旺，可用两根又粗又长竹竿深入井底数丈，然后将此竹竿各节打通打透，留而勿出，则新井水泉汪洋，灌溉不可胜用。"

除自流井外，从井中汲水，根据井之深浅不同，需借助桔槔、辘轳以及井车等机械。北宋《太平广记·诙谐》引隋代《启颜录》记载："唐邓玄挺（?—689）入寺行香，与诸僧诣园观植蔬，见水车以木桶相连，汲于井中。"机械学家刘仙洲（1890—1975）先生所著之《中国机械工程发明史》就以此为据，认为井车发明于初唐时期。关于井车的历史文献有限，更无实物遗存，譬如《王祯农书》中就并未记载井车，可能是因为井车的应用具有一定的区域性。元代《析津志》中对井车形制以及

## 第五章　明清时期

工作原理有详细记载："其制，随井深浅，以荸确水车相衔之状，附木为戽斗，联于车之机，直至井底。而上，人推平轮之机，与主轮相轧，戽斗则倾于石枧中，透于阑外石槽中，自朝至暮不辍，而人马均济。"井车主要由主轮和平轮组成，二者相互咬合。主轮上有链条，链条上系木制戽斗，以人力推动平轮，带动主轮转动，当满载之戽斗升至最高点时，即向下翻转，斗中之水即倾入水枧（水槽）之中。如用于人畜饮水，水枧中水即流入水槽。如用于灌溉，则直接入畦。

**汉代陶井**
| 故宫博物院·藏 |
| 王宪明·绘 |

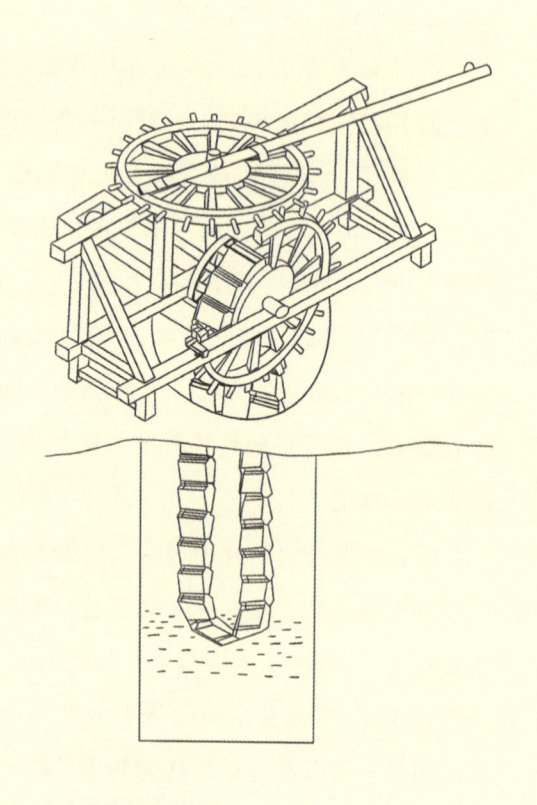

**井车复原示意图**
| 王宪明参考赵其昌《析津志》所记元大都戽斗式机轮水车·绘 |

## 山西井灌

明朝后期，山西井灌有较大发展，《农政全书·水利》中就记载："所见高原之处，用井灌畦，或加辘轳，或藉桔槔……闻三晋最勤，汲井灌田，旱暵（hàn）之岁，八口之力，昼夜勤动，数亩而止"。除民间凿井外，地方官员也鼓励民众开井。万历二十七年（1599），介休知县史记事（生卒年不详）重视发展灌溉事业，"于无渠处，教民穿井六百眼有奇，贫民不能持畚者，开一井借贾五斗，共开一千三百余眼有奇，邑民至今赖之"。清朝初年，山西"井利甲于诸省"，成为北方井灌最发达的地区。特别是山西西南地区，井灌尤多，"小井用辘轳，大井用水车"，灌溉效率较高。乾隆二年（1737），蒲州（今山西永济）崔纪（1693—1750）移署陕西巡抚，在陕西大力推行井灌，是"以见于晋者行于秦"，将山西的井灌经验在陕西进行推广。道光年间，山西巡抚吴其濬（1789—1847）在其《植物名实图考》中言道："蒲、解间往往穿井作轮车，驾牛马以汲。"同治《稷山县志》也记载，稷山县境常因汾河迁徙不定，涨落不时，难以开渠，农户多凿井灌溉。可见，清朝后期井灌仍在发展。

## 陕西井灌

陕西井灌大规模兴起于清朝，富平、蒲城发展最早，康熙年间，"二邑井利顿颇盛""每当旱荒时，富平、蒲城二邑流离死亡者独少"。鄠（hù）县（今陕西西安市鄠邑区）王心敬（1656—1738）鉴于井灌之利，于雍正十年（1732）著成《井利说》，其中特别论述陕西适宜开井的自然区域，分析了灌井的经济效益，并提出凿井的规制。

乾隆二年（1737），北方五省旱魃为虐，陕西民食维艰，陕西巡抚

## 第五章　明清时期

崔纪认为山西、陕西两省自然条件相近，也在陕西大力发展井灌。据统计，陕西有旧井大小共计76000余口，西安府、凤翔府、同州府、汉中府以及邠、乾二州新开井计68980余口，其中新开水车大井1400余口，豁泉大井140余口，每井可灌田20亩；桔槔井6300余口，每井可灌田6—7亩；辘轳井61140余口，每井可灌田二三亩不等，总计约可灌田20万亩[1]。由于崔纪急功近利，盲目凿井，下属官吏也不免邀功虚报，有因沙土松浮而坍淤者；有因泉源不深而枯涸者，甚至出现百姓跪请免掘井之事，"情词哀苦，闻者色惨"。崔纪也因"料理未善"，不久离任。乾隆十三年（1748），据后任陕西巡抚陈宏谋（1695—1771）也积极推行井灌，并肯定崔纪的政绩，认为"陕省开井无益，殊非持平之论""悉心体访井利可兴，凡一望青葱烟户繁盛者皆属有井之地，崔院任内所开之井年来以受其利"。此外，陈宏谋普查陕西境内适宜开井的地区。

> 除延、榆、绥、鄜（yōng）、邠（bīn）、商等属向不藉资井泉灌溉，凤汉兴乾等属虽有井泉，开凿不易，均可毋庸勉强开井外，其西、同二府据报平原之地皆可开井，井泉深浅不一。

陈宏谋任上"凿井二万八千有奇，造水车，教民用以灌溉"。

光绪初年，陕西又遇旱灾，为赈灾救荒，陕西巡抚谭钟麟（1822—1905）曾下令各州县"劝谕民间多凿井泉以资灌溉"。陕甘总督左宗棠（1812—1885）也督饬地方打井抗旱，卓有成效。譬如大荔知县周铭旗（生卒年不详）"极力督促，津贴工资，复开新井三千有奇"，朝邑、兴平、醴泉等县凿井"数百面之多"，泾阳知县涂官俊（？—1894）也"劝民凿井以济之，先后增井五百有余"。

---

[1] 清1亩约合今705.88平方米。

## 第二节　北方地区的井灌发展

## 河北井灌

明朝初年，河北真定府所属州县凿井最盛。天顺年间（1457—1464）赵州（今河北赵县）知州何俊（生卒年不详）曾"教民多凿井泉，以资灌溉"。嘉靖时期（1522—1566）晋州知事王惟善（1419—？），因大旱，"给资穿井，民得耕种"。其时，真定知县邢尚简（生卒年不详）亦贷款于民，凿井抗旱。其他如庆云、元氏、内丘、栾城、望都诸县也都在嘉靖、万历时期（1521—1620）推行凿井灌田。故《农政全书·水利》中称："真定诸府大作井以灌田，旱年甚获其利"。真定府[①]位于太行山山前洪积冲积平原，下潜水丰富，埋藏较浅，易于凿井开采，在明朝后期已初步形成井灌区。

此后，河北井灌逐渐向畿东平原发展。康熙三十五年（1696），肃宁知县黄世发（生卒年不详）令民众在碱荒地上"穿井耕种"。康熙四十一年（1702），直隶巡抚李光地（1642—1718）"饬所属州县广兴水利，近山者导泉通沟，近河者引流酾渠，去水远者凿井溉田"。同年，安肃（今河北徐水）48村即凿井2530余眼。乾隆时期，国家在河北地区推广种植棉花，"种棉之地约居十之二三"，而"种棉必先凿井，一井可溉四十亩"，河北地区凿井愈多，"修井溉田者不可胜纪"。譬如据《正定府志》统计，乾隆初年，"无极县添挖新井八百眼""藁城、晋州……各报六千三百、四千六百有奇""栾城……得井三千六百二十眼余"。至道光年间（1820—1850），太行山东麓诸县都已成为植棉和井灌发达的地区。

---

① 雍正元年（1723），为避胤禛讳改为正定府。

## 第五章　明清时期

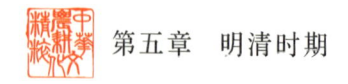

### 河南井灌

明朝后期，河南多发旱灾，为维持农业生产，开始大规模推广凿井灌田。《天下郡国利病书》中曾言及河南灌井的布置情况，"每田百亩，四隅及中各穿一井，每井可灌田二十亩，四围筑以长沟，深阔各丈余。旱则挈井之水以灌田。潦则放田之水以入沟"。如此有灌有排，出水量均匀，又不妨碍农田耕作，布置合理。

清朝乾隆、道光时期，河南凿井灌田再次出现高潮。汲县、新乡濒临卫河，但为防洪沿河修筑高堤，不能导河灌田，两地又缺乏泉水，乾隆五十年（1785），河南巡抚何裕城（1726—1790）派遣专员在两县推行凿井。道光初年，河南北部之安阳、辉县、修武、武陟诸县，"间有量地掘井，辘轳灌田之处"。道光二十七年（1847），许州（今河南许昌）大旱，知州汪根敬（1808—1849）"劝民掘井三万余"。其数可能不实，但当时许州井灌应确实有很大发展。咸丰至光绪年间，武陟、偃师、孟津、温、孟、巩、郏诸县"田中多井，灌溉自由"。同治、光绪以后，沁阳、修武、安阳、洛阳、获嘉、禹州、浚县、新乡、临颍、荥阳等地都广泛开井灌溉，凿井之风日益兴盛。

### 山东井灌

山东中部地区地下水资源丰富。明朝为保证漕运畅通，将山东西部诸泉全部引入会通河，"涓滴皆为漕利"，民间只得凿井灌田。崇祯年间（1628—1644），山东连年大旱，按察使蔡懋德（1586—1644）"教民凿井，引水灌田"。乾隆时期，淄川知县盛百二（1720—？）著《增订教稼书》，其中有"开井"专节，言道，"园蔬烟地不虞旱者，以有井也。则区田、代田必多开井……家种三四亩，其力易办，虽有旱岁，不至流

## 第二节 北方地区的井灌发展

离",倡导在大田中凿井抗旱。道光十七年(1837),山东道监察御史胡长庚(生卒年不详)上疏言道:山东地土宜井,敕下巡抚及州县地方官劝谕农民,"多穿土井",俟浇灌获益,"积有余资"后,再砌砖井。咸丰年间(1850—1861),德州农民多于运河堤畔掘井浇地。光绪初年,华北大旱,山东亦掀起凿井抗旱热潮,灌井迅速发展。

中国北方地区的水资源大多匮乏,而地下水则"可济江河渊泉之乏",故有"井养而不穷"之说,井灌的发展对农业生产意义重大。明清时期,国家为抗旱稳产,在中国北方地区广推区(ōu)田法,通过在小面积土地上深耕密植,精耕细作,以节水省肥。而井灌与区田相得益彰。《井利说》记载:"凡乏河泉之乡,而欲兴井利,必计丁成井。大约男女五口必须一圆井,灌地五亩。十口则须二圆井,灌地十亩……若如人丁二十口外,得一水车方井,用水车取水。"一井之灌溉有限,而小农无力凿井灌溉大田,故需集中财力、人力经营区田,大约一人一亩区田,即可"可充一岁之养,而无窘急之忧"。此外,井灌还促进农作物产量的提高,"肥者比常田收获不啻数倍,硗(qiāo)者亦有加倍之入"。乾隆时期,北方五省约有大小灌井六七十万眼,灌溉面积可达六七百万亩,每年至少可增产粮食六七百万石。

## 第三节 黄河治理

> 束水攻沙，蓄清刷黄。
> 
> 明治河诸臣，推潘季驯为最，盖借黄以济运，又藉淮以刷黄，固非束水攻沙不可也。
> 
> ——近现代赵尔巽《清史稿·列传六十六》

战国初年，黄河两岸开始筑起连贯性的堤防。黄河多沙善淤，堤成之后，黄河河道虽不再四处游荡，但河床却因此逐年淤高。西汉后期，黄河已成为地上悬河，堤防修筑困难，因而连年决溢。为解决河患，时人先后提出分疏说、滞洪说、改道说以及避让说等治河方略，其中以王莽时期（公元8—23年）的大司马张戎（生卒年不详）的"水力刷沙"说最具代表。张戎主张禁止黄河中下游地区引河水灌溉，保持较高的水流速度，以此防止泥沙淤积，但这只是种被动的应对之策，事实上也无法实行。张戎之后，黄河经东汉王景（公元30—85年）治理，安澜千年。但河槽经过长期淤积，至北宋中期已是"架水行空，最为危事"，然北宋主政者将河患治理作为党争博弈的政治手段，时而延宕不决，时而又仓促决断，治河措施也多违反科学规律甚至荒诞不经。金、元时期，北方少数民族统治者对黄河也是放任自流，少有大规模治理。明、清两代，定都北京，而国家财政悉仰于东南，粮食、税收等物资需经由京杭运河运抵首都。而京杭运河时因黄河泛滥、淤积而梗阻，故明、清统治者无不将治理黄河作为主要国策。

景泰年间（1450—1457），徐有贞（1407—1472）曾以分疏之法治理黄河，即在黄河下游开分水河道，多道分流入海。而分流的结果是各支流流量减少，水流挟沙能力降低，进一步加剧了淤积的趋势。直到明朝后期，以潘季驯为代表，提出"束水攻沙"理论，变被动围堵为主动清淤，才开创了中国古代黄河治理的新局面。

## 以河治河

隆庆六年至万历二年间（1572—1574），总理河道万恭（1515—1591）负责治理黄河和运河。《明史·万恭传》中称其"强毅敏达，一时称才臣"。嘉靖二十三年（1544），万恭进士及第，此后历任南京文选主事、光禄少卿、兵部侍郎、都察院佥都御史等职。隆庆六年（1572），万恭任总理河道，其间三年，兢兢业业，忠于职守，可还是遭到弹劾，于万历二年（1574），以"不职"之罪被罢免，回籍听用，此后居家二十年，未再起用。万历十九年（1591），卒于家中，终年七十七岁。著有《治水筌蹄》，是万恭水利思想的完整体现。

前人曾提出人力疏浚的治黄方案，即在黄河上排列数百艘大船，令河工使用五齿耙、杏叶杓（sháo，同"勺"）等器具疏浚河底，然则"上疏则下积，此深则彼淤"。当时，一位虞城（河南商丘）秀才向万恭建议，"以人治河，不若以河治河"，在淤浅河床处筑堤，通过束窄河道，增加河流局部流速，来达到冲刷淤积目的，所谓"淤不得停则河深，河深则永不溢"。万恭采纳其建议，后在其所著《治水筌蹄》中进而阐述，认为黄河的根本问题在于泥沙，治理多沙的黄河，不宜分流，盖因"水之为性也，专则急，分则缓。而河之为势也，急则通，缓则淤"，黄河只有合流，才能"势急如奔马"，如果能因势利导，以堤束水，以水冲沙，黄河

## 第五章 明清时期

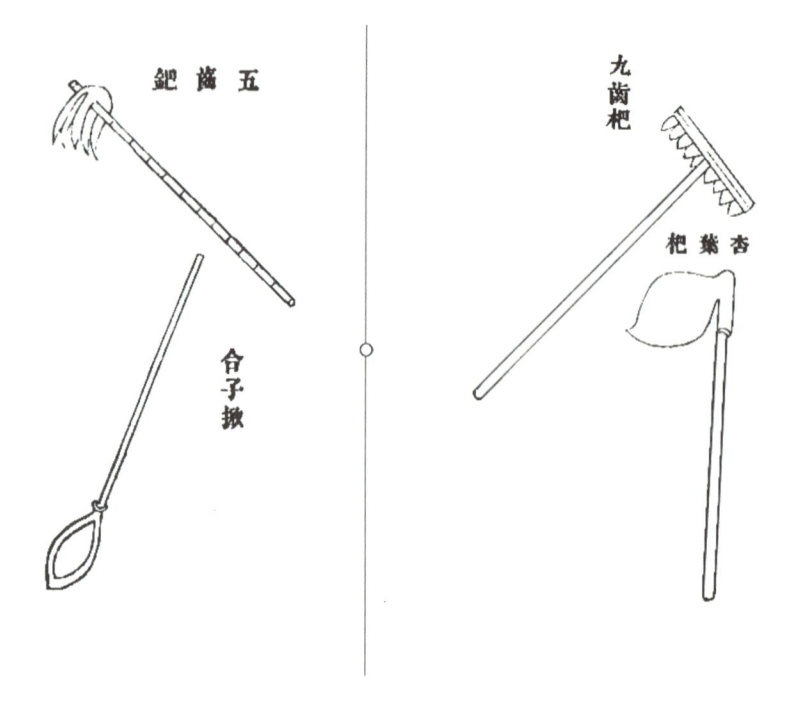

五齿耙（左）和杏叶枸（右）·《河工器具图说》，道光十六年（1836）云萌堂刊本

泥沙淤积问题则可迎刃而解，地上悬河变为地下河，水患即可消除。万恭"以河治河"的思想上承新莽张戎之"水力刷沙"，下为潘季驯"束水攻沙"之初肇，是治河理论的重大创新，其实践效果也远胜于以往的人力疏浚。

## 束水攻沙

潘季驯（1521—1595）在万恭的基础上，系统提出"束水攻沙"和"蓄清刷黄"的治河理论体系。南宋建炎二年（1128）黄河南决，自此改道东南，而淮河经洪泽湖西来，京杭运河北上，三者汇于清口（今江苏淮阴）。明清两代，清口是京杭运河穿越黄淮的关键区域，是漕运咽

## 第三节 黄河治理

喉。但这一时期，由于黄河河床不断淤高，黄河水位不断抬升，形成对淮河和运河的压迫，淮水不能进入运河，漕运不畅。于是潘季驯针对"河浊淮清，河强淮弱"的特点，在洪泽湖东南筑高家堰，阻淮水东注，使其积蓄于洪泽湖内，再猛然东灌黄河，以此达到冲刷清口及入海口淤

**清口运口图**

美国国会图书馆·藏

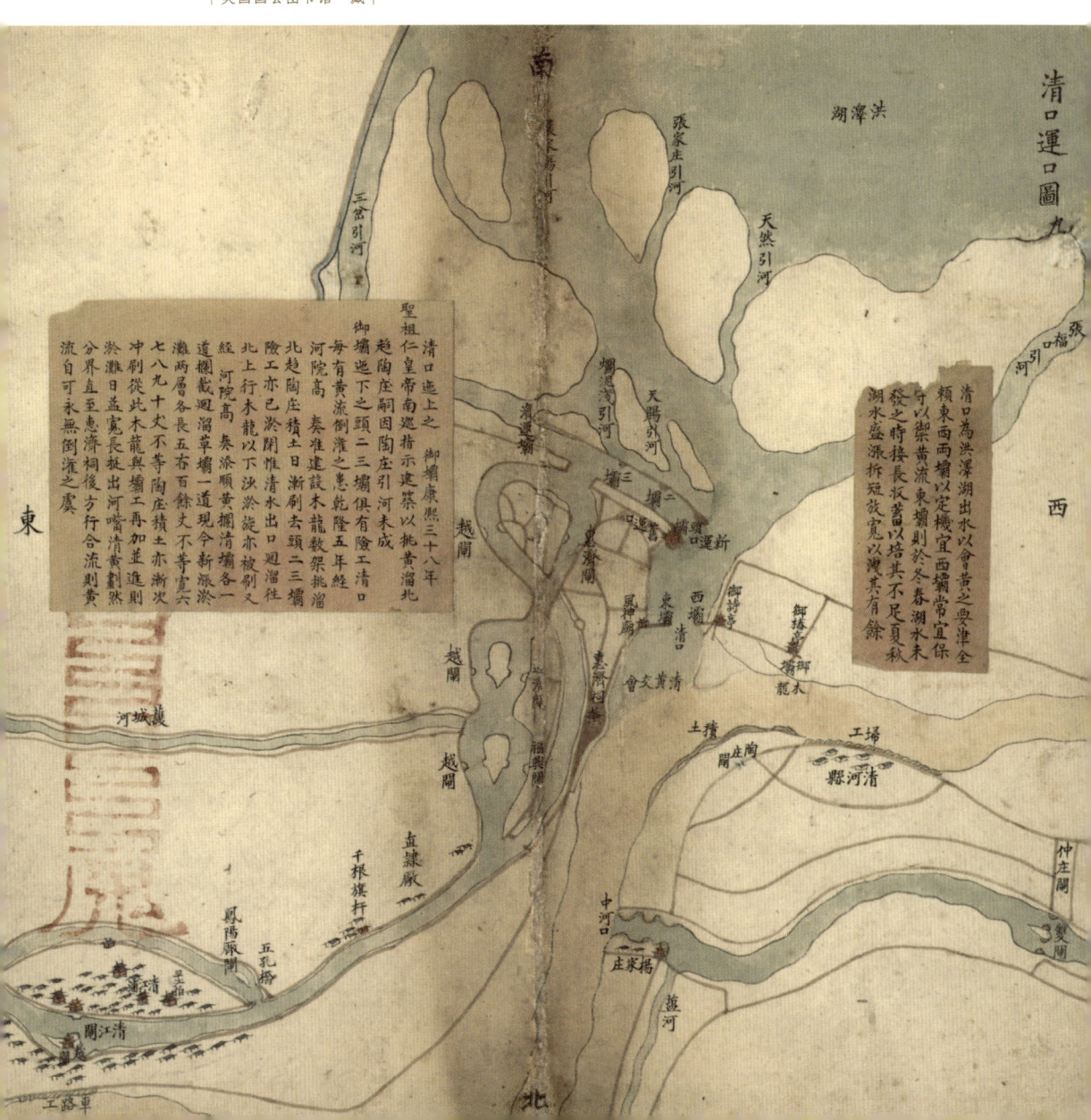

## 第五章　明清时期

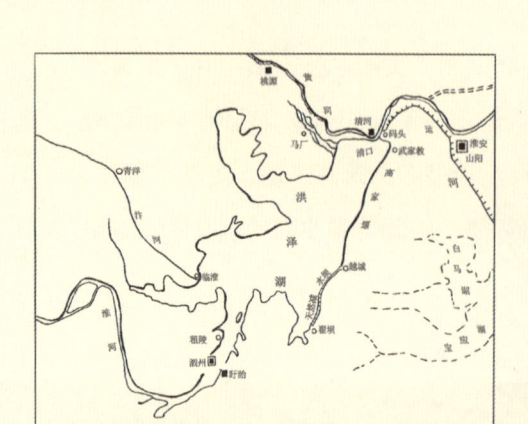

**潘季驯治河规划示意图**
王宪明参考周魁一《中国科学技术史（水利卷）》·绘

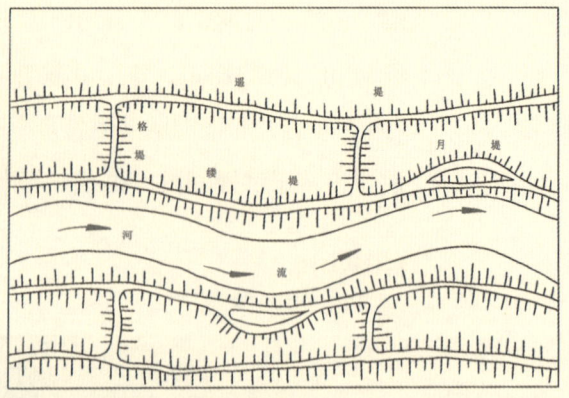

**遥、缕、格、月堤防体系示意图**
王宪明参考周魁一《中国科学技术史（水利卷）》·绘

积泥沙的目的。经潘季驯治理后，"两河归正，沙刷水深，海口大辟，田庐尽复，流移归业，禾黍颇登，国计无阻"。

"束水攻沙"和"蓄清刷黄"之关键在于筑堤，潘季驯设计了缕堤、遥堤、格堤、月堤以及减水坝等一系列堤防，用以束水、防洪和防淤。缕堤是临近主河床的大堤，用以缩小河床断面，提高流速，是实现"束水攻沙"的主要堤防。缕堤蓄洪能力有限，每遇大汛，势必漫溢。于是，潘季驯在缕堤外再筑遥堤，二者相互配合，所谓"缕堤拘束河流，取其冲刷也""遥堤约拦水势，取其易守也"，较好地解决了防洪与冲沙问题。之后，潘季驯又在遥堤和缕堤之间，修筑横向相隔的格堤，阻滞洪水横行，格堤之水归漕之后，余下的泥沙淤高滩地，可以加固遥堤和缕堤的堤根。此外，还有月堤和减水坝。月堤，也称越堤，是在缕堤或遥堤的薄弱堤段所修的月牙形堤防，两端弯接大堤，用以加固大堤。减水坝则是修建于遥堤上的砌石滚水坝。减水坝顶一般比遥堤堤顶低七八尺，坝长30丈。当出现非常洪水，遥堤之间的河床也不足以容纳时，则通过减水坝溢往遥堤之外。由遥堤、缕堤、格堤、月堤以及减水坝共同组成的堤防系统，是中国古代堤防的最高水平。

## 第三节 黄河治理

《河防一览》·万历十九年（1591）刊本

潘季驯，字时良，乌程（今浙江湖州）人，中国古代最杰出的治河专家之一。嘉靖二十九年（1550），潘季驯进士及第，同年十二月，被授为九江府推官。此后，潘季驯历任江西道监察御史、广东巡按御史。嘉靖四十四年（1565），潘季驯任右佥都御史，总理河道，从此开始了近30年的治河生涯，先后在隆庆四年（1570）、万历四年（1576）以及万历十六年（1588），三次总督河政。万历十九年（1591），潘季驯加太子太保、工部尚书兼右都御史，次年因病休，三年后卒，年七十五，著有《河防一览》，是其长期治河实践的思想结晶。

## 全局治河

继潘季驯之后，杨一魁（1536—1609）主持黄河、淮河治理。杨一魁提出"分黄导淮"，然"不塞黄堌口，致冲祖陵"，其议遂罢。至清初，国家仍受水灾困扰。清代治河以靳辅（1633—1692）、陈潢（1637—1688）最为突出。靳辅在康熙朝任河道总督十余年，主持黄、淮、运的规划和治理，陈潢为其幕僚。靳、陈二人继承并发展了潘季

## 第五章 明清时期

驯"束水攻沙"的治河理论。靳辅认为，治理的关键仍在控制黄河河床的淤积，"黄河之水从来裹沙而行，水合则流急而沙随水去，水分则流缓而水漫沙停。沙随水去则河身日深，而百川皆有所归"。为此，靳辅大力修筑黄河堤防，进而把堤防延伸至云梯关以外接近海口处。但黄河含沙量高，自身挟沙能力不足以将全部泥沙输送入海，必须尽量引进含沙量低的清水，以加大输沙能力，其措施除继承潘季驯加筑高家堰逼淮注黄之外，还在徐州以上增建减水石闸六座和增建睢宁峰山闸

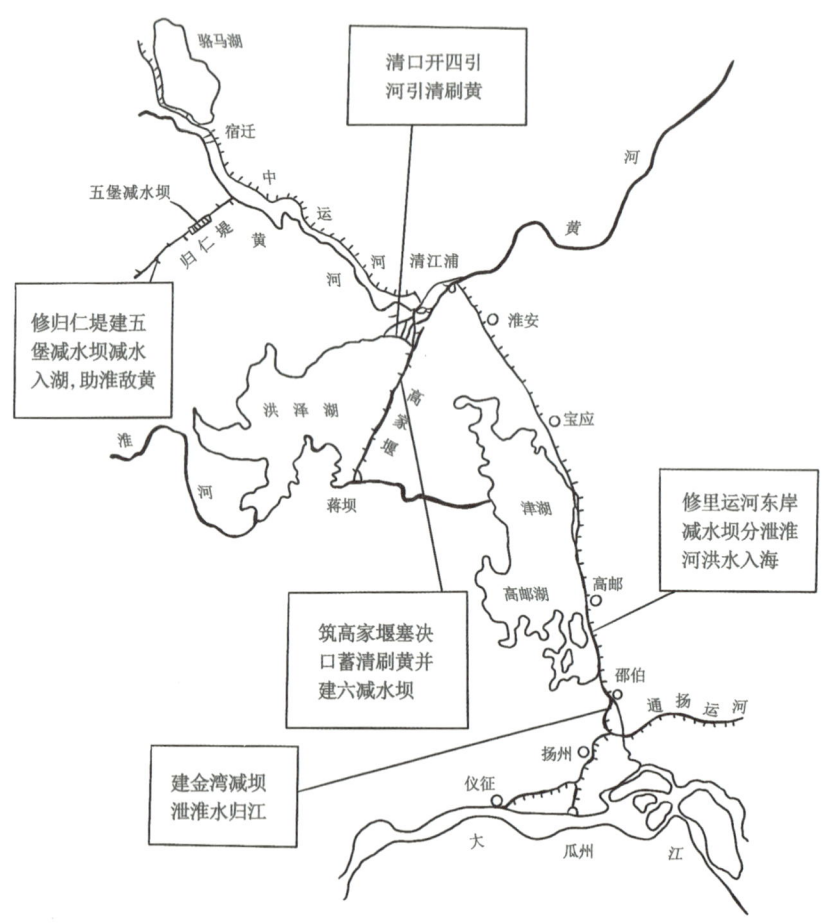

**靳辅治河规划示意图**

| 王宪明参考周魁一《中国科学技术史（水利卷）》·绘 |

### 第三节 黄河治理

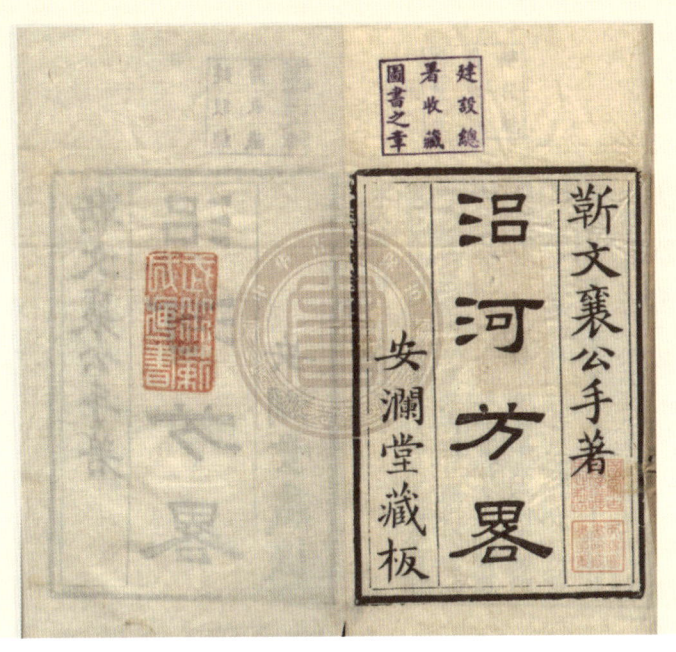

**《治河方略》·安澜堂藏本**

靳辅，字紫垣，汉军镶黄旗人。顺治九年（1652），靳辅由官学生考授国史馆编修。顺治十五年（1658），靳辅改任内阁中书，后迁兵部员外郎。康熙九年（1670），由郎中升任内阁学士。康熙十年（1671），靳辅先任安徽巡抚，又因实心任事，加兵部尚书衔。康熙十六年（1677），时任河道总督的王光裕（生卒年不详）无治河之才，遂被解职。在吏部尚书明珠（1635—1708）的推荐下，靳辅由安徽巡抚擢授河道总督。同年，结识陈潢。康熙二十七年（1688），靳辅受参劾而被革职。康熙三十一年（1692）二月，靳辅复为河道总督，十一月卒于任，年六十，赐祭葬，谥文襄。康熙四十六年（1707），追赠靳辅太子太保，予骑都尉世职，雍正五年（1727）复加工部尚书，雍正八年（1730）入祀京师贤良祠，著有《靳文襄公奏疏》《治河奏绩书》和《治河方略》。

四座，从南岸分泄黄河洪水。意图"减下之水由小神湖，出濉溪口，入洪泽湖，使沙澄湖底，其清水仍出清口，以助淮刷黄"。同时，靳辅对于黄河的治理问题，不仅局限在下游，而且认识到对黄河中游地区治理的重要，在考察黄河运行形势后，认识到黄河的泥沙是从中游黄土高原流失下来的，从而指出治理黄河必须"彻首尾而治之"，不然"终归无益"。这种从全局考虑根治黄河的思想，是中国治河理论上的一大进步。

## 第五章 明清时期

　　陈潢（1637—1688）的贡献则在于把潘季驯的理论建筑在更为科学的基础之上。明末清初，西方近代科学技术传入中国，流量测量有了较大进步。陈潢将计算土方的方法引入流量计算，将水量度量为"纵横一丈高一丈为一方"，而将流速概念以人行走的速度来说明，实际计算中是以一昼夜流水流过多少方来"计此河能行水几方"，使筑堤的宽度和高度以及其他工程设计能更合乎要求，洪流通过时既能起到攻沙的作用，又不致因容纳不下而泛滥成灾。靳、陈二人"治河十年，兢兢以筑堤岸，疏下流塞决口为事，黄淮底定。及病笃，犹陈两河善后之策及河工守成事宜，实心为国，古今罕见"。

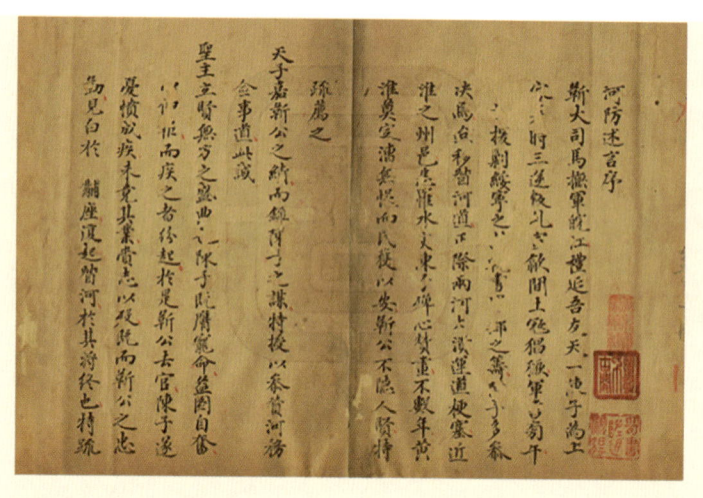

**《治河述言序》·清抄本**

　　陈潢，字天一，浙江钱塘人。少时"负才久不遇"。康熙十年（1671），陈潢游学京师，结识靳辅。靳辅因陈潢"状貌魁梧，器宇凝重，动止语默，咸秉以礼"，遂引为幕客。康熙十六年（1677），靳辅任河道总督，陈潢出则随辅"荒度经营"，入则"料理文告"。如此"不避寒暑，无分昼夜，与大工为始终者，十年有如一日"，靳辅的治河方案多出于陈潢。康熙二十六年（1687），靳辅上疏力言陈潢十年佐理治河劳绩，陈潢因功升任金事道衔，参理河务。康熙二十七年（1688），御史郭琇参劾靳辅"治河无功，听信幕宾陈潢，阻挠下河开濬，宜加惩处。"靳辅革职后，陈潢被逮往京师，削衔，尚未入狱，旋即病逝。后靳辅再被启用，上疏请求恢复陈潢官衔，未能获准。张霭生（生卒年不详）将陈潢的治河理论编述成《河防述言》，共计十二篇，乾隆认为张霭生所绘制的河图"能得真源"，故将该书收录进四库全书，附于靳辅《治河奏绩书》后。

## 第四节 《农政全书》中的西方水利技术

> 农为政本,水为农本。
>
> 水利者,农之本也,无水则无田矣。
> ——明代徐光启《农政全书》

《农政全书》是徐光启(1562—1633)一生所做农业科学研究的总汇,总结了17世纪以前中国传统农政措施和农业科学技术发展的历史成就,是中国历史上关于农业科学技术的百科全书,在中国和世界农学史上均占有重要的地位。《农政全书》编著于天启五年(1625)至崇祯元年(1628)年间,在徐光启生前虽已编成,但未定稿,后经其学生陈子龙(1608—1647)删改,"大约删者十之三,增者十之二",于崇祯十二年(1639)刊行,因此书中存在着自相矛盾的错误,很可能是由于增删造成的。《农政全书》共60卷,70余万字,其中6万余字为徐光启自己撰写,其余为转录的古代和同时代农业文献,徐光启自己撰写的部分都是他经过亲自试验和观察之后取得的材料写成的,对于前人著述的转录也多附有自己的见解或评论。

《农政全书》的内容包括农本、田制、农事、水利、农器、树艺、蚕桑、蚕桑广类、种植、牧养、制造和荒政12项。《农政全书》重视水利建设,认为"水利者,农之本也,无水则无田矣"。

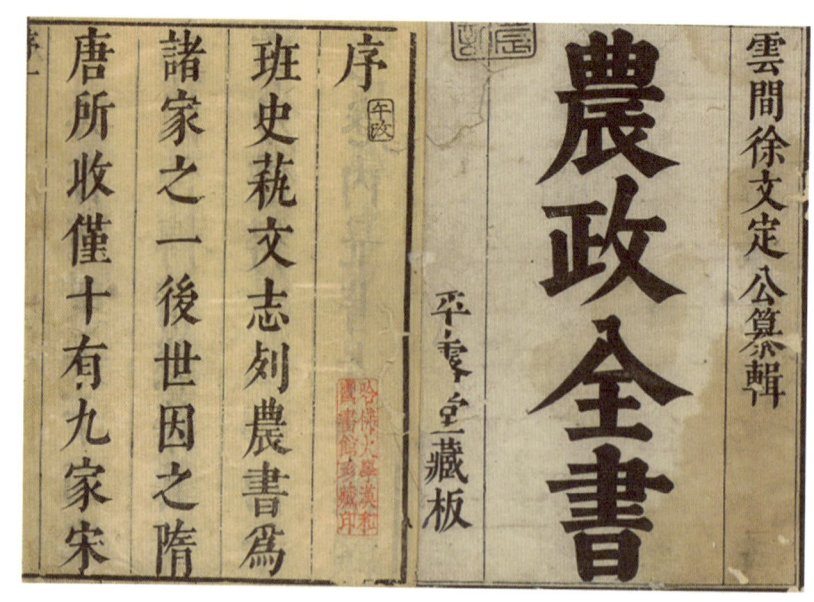

《农政全书》·明崇祯平露堂藏本

**徐光启像·明代《明人肖像册》**

南京博物院·藏

　　徐光启,字子先,号玄扈,南直隶松江府上海县(今上海市)人,明代著名科学家,中国近代科学的先驱。徐光启的科学研究涉及天文、历法、数学、测量、农学、水利和军事等方面,尤以农学、天文学、数学成就最为突出。徐光启编撰有《崇祯历书》《农政全书》《测量异同》《勾股义》等著述,并与意大利传教士利玛窦(Matteo Ricci,1552—1610)共同翻译过大量西方科学著作,主要有《几何原本》(Elements of Geometry)、《泰西水法》(Water Methods from the Grand West)等。

《泰西水法》·万历四十年（1612）写本

　　《农政全书》的卷十九、二十是徐光启和意大利传教士熊三拔（Sabbathin de Ursis，1575—1620）于万历四十年（1612）所合译《泰西水法》的前4卷内容。《泰西水法》是中国第一部系统介绍西方农田水利技术的著作，共6卷，分别介绍了螺旋式提水机具龙尾车；利用气压原理提水的玉衡车和恒升车；小型水库；凿井技术；水力学原理；水力机械图谱。书中所言之寻找地下水源、凿井和检验水质的方法，切实可用。

## 水力机械

### 龙尾车

　　龙尾车是西方提水灌溉机械，为古希腊科学家阿基米德（Archimedes，公元前287—前212年）所发明。龙尾车由轴、墙、围、枢、轮、架六部分组成："轴"是完成转动的零件；"墙"是约束水流的螺旋面；

## 第五章 明清时期

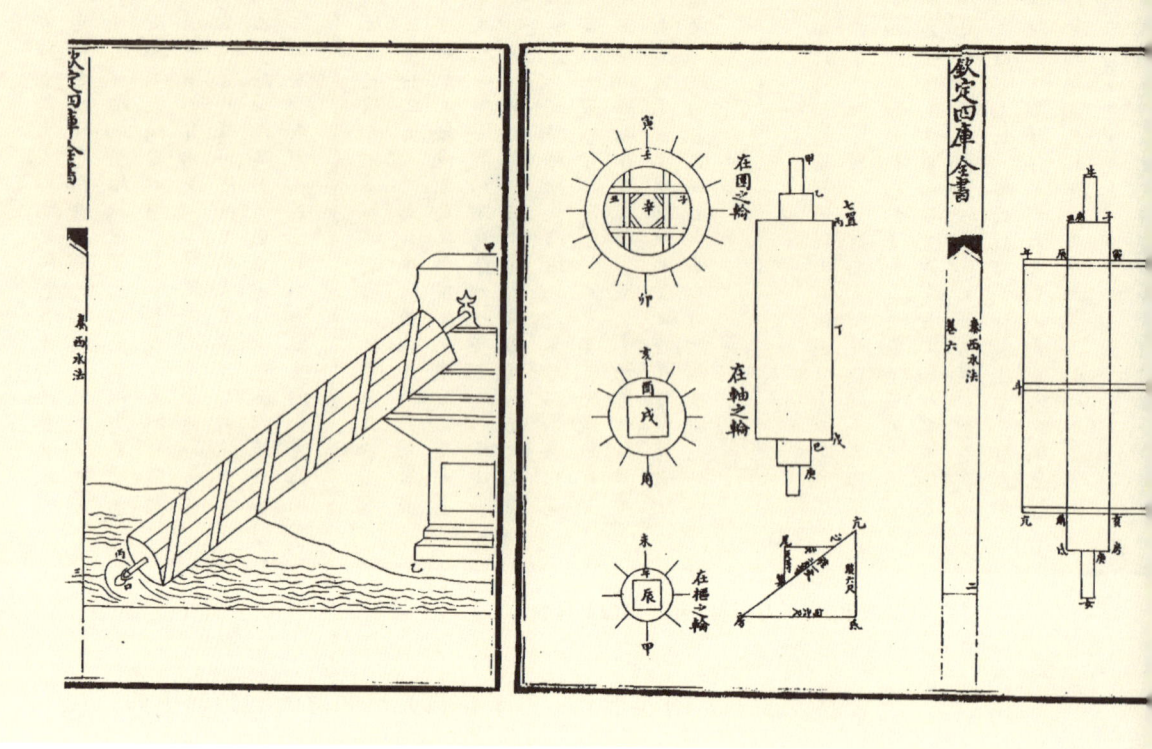

龙尾车·《泰西水法》，万历四十年（1612）写本

"围"是盛装螺旋轴的管体；"枢"是轴承；"轮"是带动龙尾车转动并与动力机械相连接的齿轮传动系统；"架"是安装龙尾车的支架。

相较桔槔、翻车等中国古代传统的提水机械，龙尾车主要有以下优势：

一是灌溉效率高。桔槔"用力甚多，而见功寡"。翻车"日灌水田二十亩，以三四人之力，旱岁倍焉，高地倍焉"。也就是说，降雨正常的年份，利用翻车灌溉，三四人劳作一天仅能灌溉二十亩水田，如遇干旱或者高地，灌溉效率还会减半。较低的灌溉效率使得农民常处于"独其人终岁勤动，尚忧衣食"的生活状况。龙尾车则"用力少而得水多"，可以凭借器件本身的"交缠相发"，使得在输送过程中减少

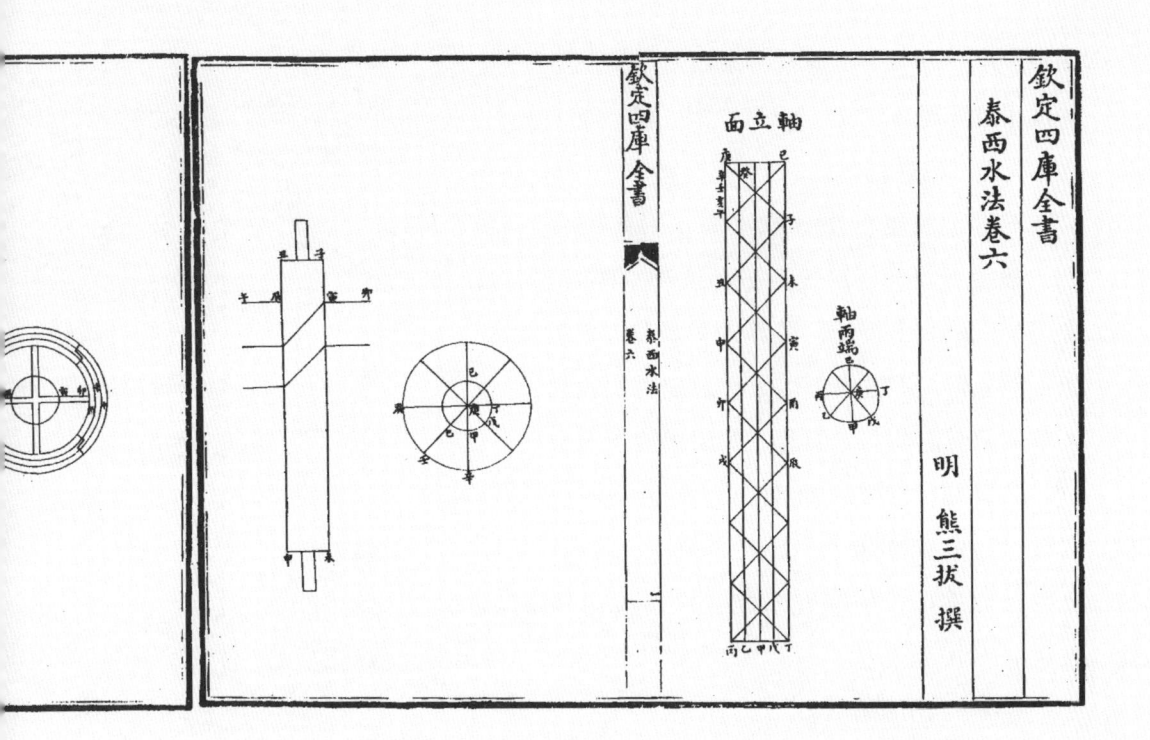

水的浪费。而且一人可使多架龙尾车同时运转，灌溉效率数倍于翻车。

二是不易损坏。鹤膝、斗板等部件是翻车提水的关键部件，常与水接触，易被损坏，"枝节一夒（cuò），全车悉败焉"。龙尾车则没有易损部件。

在徐光启看来，使用龙尾车，"人力可以半省，天灾可以半免，岁入可以倍多，财计可以倍"。在其大力推崇下，龙尾车引来明清学者的关注与仿制。明末吏科都给事中曹于汴（1558—1634）在《泰西水法》序中以"精巧奇绝""用力约而收效广"来形容龙尾车。嘉庆十四年（1809），徐光启五世孙徐朝俊（生卒年不详）在松江府据《泰西水法》制成龙尾车，孩童即可运转。据《梅麓诗钞》记载，苏州知府齐彦

## 第五章 明清时期

槐（1774—1841）也曾按《泰西水法》制造并试用过龙尾车，"塘宽十亩，深二尺，库干七寸，才三刻许"。

不过，龙尾车制造成本高、工艺难度大、搬运不便、一旦毁坏不易修理。同时，龙尾车机械效率较低，需要依靠多人协作才能正常运转，不适用于以家庭规模为农业生产单位的明清社会。因此，龙尾车传入中国后，虽有如徐光启一样对西方科学技术抱有极大信心和期望的明清士人对其大加夸赞并极力推广，但终究未能被广泛应用到农业生产中。

**恒升车与玉衡车**

恒升车和玉衡车都是西方汲水机械，类似于现代的单缸和双缸活塞式水泵。恒升车由筒、提柱、衡、架四部分组成，其工作原理如下：当压下衡的右端（即长端）时，恒升车的砧上升，砧上的舌闭合，砧下将形成真空，筒底的舌会开启。此时，大气压将井里的水压入筒内。提起衡的长端时，恒升车的砧将下降，砧上的舌开启，筒内水会升入砧上部。提砧时，水将会从出水管流出。恒升车是利用砧的往复运动来达到持续汲水灌溉的目的。玉衡车则有双筒、双提柱、壶、

**恒升车（上）·《泰西水法》，万历四十年（1612）写本**
**玉衡车（下）·《泰西水法》，万历四十年（1612）写本**

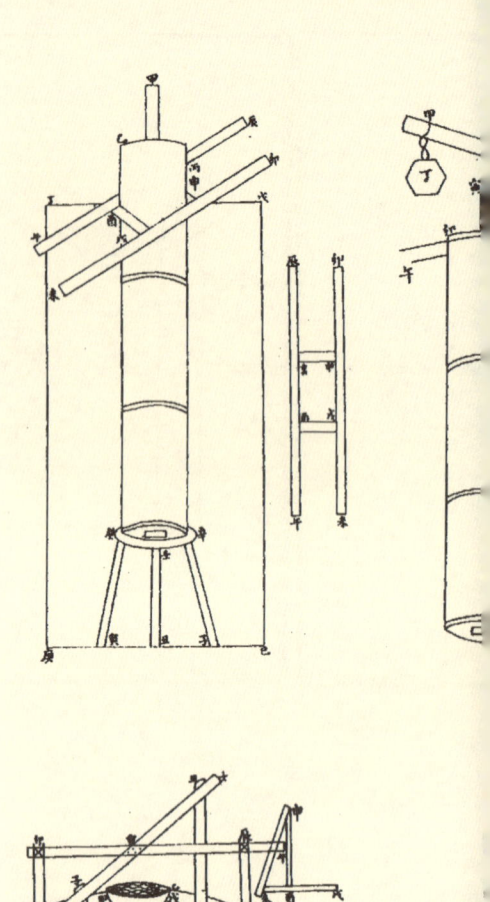

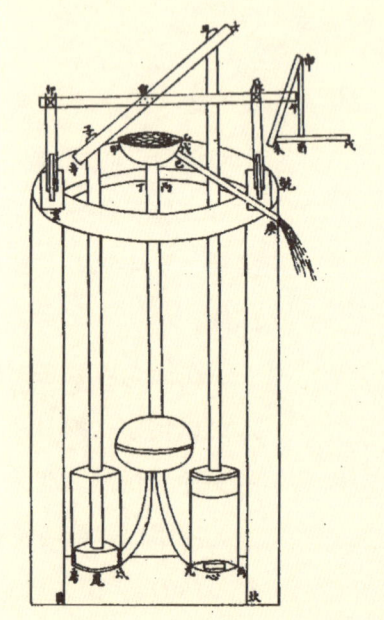

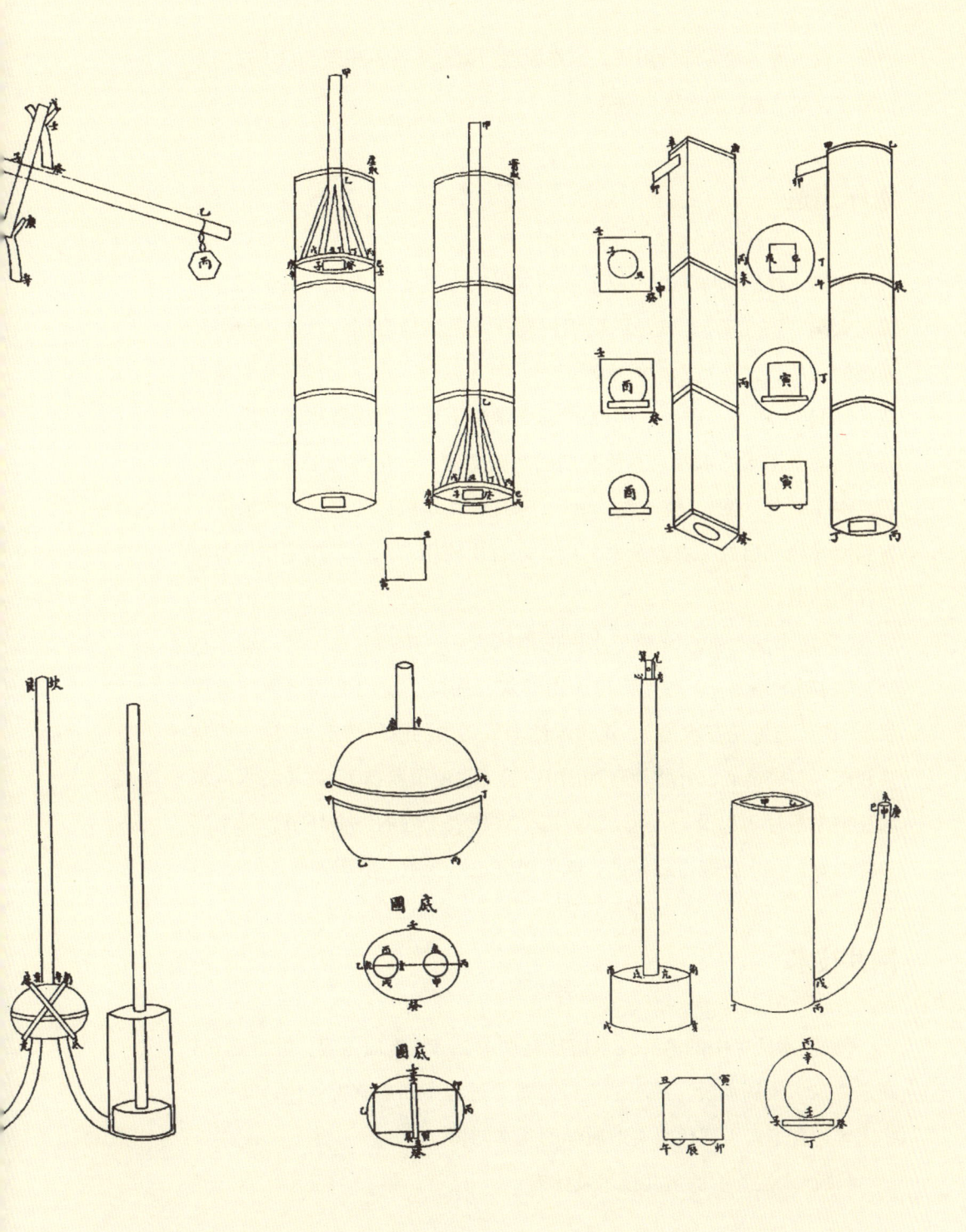

第四节 《农政全书》中的西方水利技术

## 第五章　明清时期

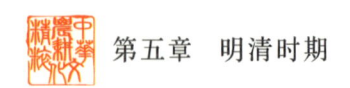

中筒、盘、衡、架等部分组成，工作原理与恒升车基本相同，只不过由单活塞变为双活塞，汲水更为高效。

## 水库建造

中国古代的水库工程可以上溯到大禹治水时期，《史记·夏本纪》记载，大禹"陂九泽"，就是以堤坝将湖泽或是洼地合围，以达到防洪和灌溉的目的，这就是原始的水库工程。西周以后，水库工程已有明确记载。《周礼·稻人·遂人》中说："稻人掌稼下地，以潴蓄水。""潴"就是存储灌溉用水的水库。春秋时期的楚国芍陂，也是水库工程。秦汉以后，水库多名"陂""塘"或"堰"。宋代称用于航运的水库为"水柜"。直到明代徐光启的《农政全书》中，才首次使用"水库"二字作为蓄水工程的称谓。

《泰西水法》重点介绍了水库的建造方式，概括为八个字。即：具（建筑材料的准备）、齐（将建库用的灰、沙按一定比例加水搅拌成泥浆）、凿（选址挖容水池）、筑（水池上或四周的附属建筑）、涂（用灰浆和砖、石砌池底，并将池帮加固）、盖（水池覆盖物）、注（将水从水源往池中灌注）以及挹（用水）。每个字代表工程的一个环节。每个环节都做好，存水就能得到保证，既不泄漏也不变质，使用方便。

## 凿井技术

《泰西水法》中的凿井技术概括起来主要有5方面内容：井址选择、确定井深、辨别水质、井底铺设以及凿井过程中回避有害气体，其中一些内容包含了若干现代水文地质学的基本知识。

《泰西水法》中的凿井技术具体有：

### 井址选择

一是有泉源出露的情况：凿井之地，山麓为上，旷野次之，山腰为下。

二是无泉水出露的情况：有四种寻找地下水源的方法，即气试法、盘试法、缶试法以及火试法。

气试法：挖掘地窖，在天初明时，沿地面平视，如见烟气升腾，其下有水脉。

盘试法：挖三尺深坑，坑底垫一二寸的木条，木条上放擦过油的铜锡盘，盘上先用干草覆盖，干草上再盖土。隔天取出铜盘，若盘底有水欲滴者，其下有水脉。

缶试法：方法与盘试法相同，只是将盘试法的铜锡盘用陶缶代替。

火试法：挖三尺深坑，坑底烧篝火，若烟气飘忽蜿蜒上升，其下有水脉，若烟气直上无水脉。

### 确定井深

井与江河地脉通贯，在靠近江河处，凿井的深度可根据河水的水位、天时旱涝，酌情加深。

### 辨别水质

从不同的土壤辨别水质，指出"沙中带细石子者，其水最良"。除根据土质辨别水质外，另有 5 种辨别方法：

煮试：清水烧开后，倒入白瓷器静置，若没有杂质沉淀则说明水质良好。

日试：清水置于白瓷器中，在日光下观察，若澄澈见底，没有杂质漂浮则说明水质良好。

味试：尝试后，无味者最优，味佳者次之，味恶者为下。

称试：水质愈好，则其质量愈轻。

纸帛试：用纸帛蘸水，晾干后，纸帛上没有印记残留则说明水质良好。

# 第五章 明清时期

### 井底铺设

井底"更加细石子厚一二尺,能令水清而味美"。若水井尺寸较大,还可在井中饲养金鱼或者鲫鱼,也能"令水味美",原因是"鱼食水虫及土垢"。在井底材料的选择上,是"木为下,砖次之,石次之,铅为上"。但是铅做井底是有毒的,徐光启对铅的物理和化学性质并不了解,误以为铅是做井底衬砌的最好材料。

### 凿井过程中回避有害气体

"凡山乡高亢之地多有之,泽国鲜焉。此地震之所由也,故曰震气。凡凿井遇此,觉有气飒飒侵人,急起避之。俟泄尽,更下凿之。欲候知气尽者,缒灯火下视之,火不灭,是气尽也。""震气"就是二氧化碳,凿井时遇到使人窒息的气体,应急躲避。可以使用明火探测,若火不灭,则表明二氧化碳气体被排尽。

《农政全书》全书中的水利科学技术知识许多都与古希腊著名建筑科学家维特鲁威(Marcus Vitruvius Pollio,活跃于公元前1世纪)所著《建筑十书》(The Ten Books on Architecture)相近或雷同,经徐光启亲身依法试用,补充和完善。如辨别水质的不见于原书关于"震气"的阐述,西方是在18世纪初才发现的。《农政全书》中所介绍的西方先进的水利科学技术引起了明清社会广泛关注,明代王徵(1571—1644)的《远西奇器图说》《新制诸器图说》,清代郑复光(1780—?)的《费隐与知录》都多处引用其中内容。《四库全书》编修官戴震(1724—1777)也说:

> 西洋之学,以测量步算为第一,而奇器次之,奇器之中,水法尤切于民用。视他器之徒矜工巧,为耳目之玩者又殊,固讲水利者所必资也。

## 第五节 水利著作

> 水政之要,犁然悉备。
> 
> 考万历六年,潘司空季驯河工告成,其功近比陈瑄,远比贾鲁,无可移易矣。乃十四年河决范家口,水灌淮城,全城几夺;又决天妃坝,寻塞治之;二十三年河、淮决溢,邳、泗、高、宝等处,皆患水灾。安得云潘司空治后无水患六十年河决王公堤……大抵司空成规具在,纵有天灾,纵有小通变,治法不出其范围之外。故曰《河防一览》为平成之书。
> 
> ——清代阎若璩《潜邱札记·与刘颂眉书》

明清时期的水利文献,其数量远胜前代。《明史·河渠志》《清史稿·河渠志》对黄、运两河记述详细,《明实录》《清实录》中也多载历朝水利发展情况。除官修正史外,各类有关水利工程技术、治河防洪的专著相继问世。中国古代的水利专著,成果颇丰,其数量约五百余种,泰半为明清时期的水利专著,不下三四百种。各地的地方志中大多也设置水利专业志,漕运志作为新的专业志种在明清的水利专业志中也占有相当的比重。

## 治河理论

### 《治水筌蹄》

《治水筌蹄》是明代论述黄、淮、运治理的专著,著者为隆万时

## 第五章 明清时期

期（1572—1574）的总理河道万恭（1515—1592）。《庄子·外物》中有言："筌者所以在鱼，得鱼而忘筌。蹄者所以在兔，得兔而忘蹄。"筌（quán）、蹄是先秦时期用以捕鱼、捉兔的工具，《治水筌蹄》即"治水工具书"。《治水筌蹄》的成书时间无明确记载，从该书的内容、万恭自序以及万恭墓志铭的记载推断，书当成于万历元年（1573）并同时刊印。

《治水筌蹄》虽分上、下卷，但记述排列杂乱，内容主要涉及黄河、运河治理思想、堤防岁修、汛期防守、施工组织以及管理制度等多方面内容，是万恭在治河期间，"取治水见诸行事。存案牍者，括而纪诸筌蹄"。比较突出的有以下几点：

一是治黄理论。万恭指出："水专则急，分则缓，河急则通，缓则淤""浊者尽沙泥，水急则滚，沙泥昼夜不得停息而入于海，而后黄河常深，常通而不决"。在对水沙冲淤关系深刻认识的基础上，万恭进一步提出相应措施："河性急，借其性而役其力，则可浅可深""如欲深北，则南其堤，而北自深；如欲深南，则北其堤，而南自深；如欲深中，则南、北堤两束之，冲中坚焉，而中自深"。这些观点和方法成为以后潘季驯（1521—1595）"束水攻沙"理论的基础，并得到广泛的运用。

二是总结利用汛期泥沙稳定河槽的方法。在汛期之前，先在河滩上修筑坚固的矮堤，洪水退后，泥沙被拦在滩地上落淤，就可加高滩地、稳定河槽。

三是首创飞马报汛制度。"黄河盛发，照飞报边情，摆设塘马，上自潼关，下至宿迁，每三十里为一节，一日夜驰五百里，其行速于水汛。凡患害急缓，堤防善败，声息消长，总督者必先知之，而后血脉通贯，可从而理也。"凭借飞马报汛来传递汛情，使得上下游地区能够及时做出应对措施，减少水患带来的损失。

四是运河航行的成功经验。在水源不足、运量大、期限短的情况下，利用单式船闸抬高水位，配合其他措施，可以满足运输的需要。

五是注意到黄河洪峰高而历时短的水文特点并加以记载。

《治水筌蹄》成书后，得到很高的评价。是所记述的治水方针，除个别情况外，都在以后300多年中得到继承和发展。明朝潘季驯和清朝靳辅（1633—1692）、陈潢（1637—1688），都相继沿用"束水攻沙"的治黄方针。《行水金鉴》中，称《治水筌蹄》记载的治水"诸法俱堪不朽"。

### 《河防一览》

《河防一览》是中国16世纪后期治河通运的代表专著，著者潘季驯。潘季驯在嘉靖、隆庆、万历三朝，四任总理河道，实际负责治河十二年之久，是著名的治河专家。黄河"善淤""善决""善徙"，因此治河必须兼治水、沙。明朝治河，还须兼顾"护陵"和"保运"。嘉靖二十五年（1546）以后，黄河"全河尽出徐、邳，夺泗入淮"，漕运必经之地的徐州及淮阴段的黄河成为河防工程的重点。此外，河南修防疏懈，堤岸卑薄，容易决口；全河入淮之后，河流日壅，淮不敌黄，容易潴为明陵之患；泥沙长期淤垫，河底高程增加，河口地势变高，入海口经常淤塞，也是亟待解决的问题。面对上述形势，潘季驯总结历代治河经验，并结合亲身治水实践，根据黄河水文特征和泥沙特征，提出"筑堤束水，以水攻沙"的治河理论，《河防一览》即是全面阐述该理论的治河专著。

《河防一览》全书十四卷。卷之一"敕谕五道"，为嘉靖、隆庆、万历三朝皇帝予潘季驯之敕谕，并"祖陵图说""皇陵图说""两河全图说"；卷之二"河议辨惑"，集中阐述潘季驯"以河治河，以水攻沙"的治河主张；卷之三"河防险要"，列举黄、淮、运各河之要害部位、主要问题及应采取的措施；卷之四"修守事宜"，系统规定堤、闸、坝等工程的修筑技术和堤防岁修防守的严格制度；卷之五"河源河决考"，收集整理前代研究黄河源头和历史上黄河决口的资料；卷之六为古今治

## 第五章　明清时期

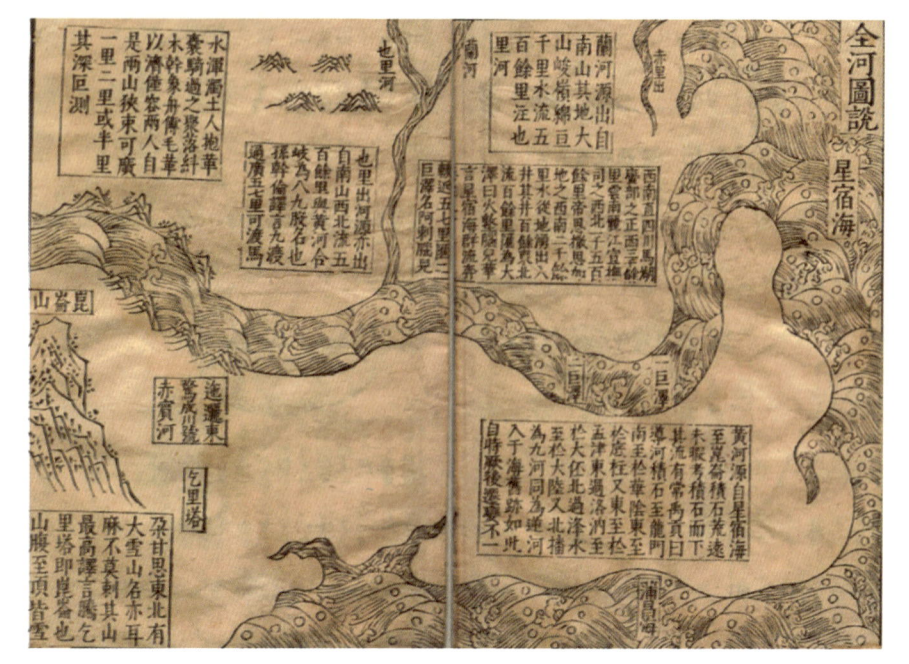

全河图说·《河防一览》，万历十九年（1591）刊本

河文献资料，共 9 篇；卷之七至十二为潘季驯治河奏疏，共 41 道；卷之十三、十四为他人治河奏疏及议论，共 15 篇。

《河防一览》全面继承历代治河经验的主要成果，是潘季驯治黄思想和主要措施的代表作，也是明朝河工科学技术和管理水平的集大成者，后世治河专家无不将其奉为圭臬，遵行三百余载而不替。

## 畿辅水利

畿辅地区（今京津冀地区）常年受季风影响，冬春多干旱，夏季雨量集中，极易造成旱涝灾害，加之水利不兴，致使农业歉收。元、明、清三朝均建都北京，国家用度长期依靠漕运，颇费物力。许多有识之士都主张开发畿辅水利，推行水利营田，以发展农业生产。由于畿辅水利受到重视，探索与研究畿辅地区代不乏人，留下许多有关畿辅水利的文献资料，清人吴邦庆（1766—1848）所辑之《畿辅河道水利丛书》就是其中代表。

吴邦庆在治水实践中，深感"直隶志乘之外，无专志河道之书"，许多人不识"水学"，甚至"水官失职"。有鉴于此，吴邦庆"留心采辑，广识而备记之""访诸乡郡藏书家"，广泛搜求有关文献，经过辩伪校正，执笔撰注，辑成《畿辅河道水利丛书》，"往复讲习，可资世用"。

《畿辅河道水利丛书》共收书9种：《直隶河渠志》（清陈仪著）、《陈学士文钞》（清陈仪著）、《潞水客谈》（明徐贞明著）、《怡贤亲王疏钞》（清允祥著）、《水利营田图说》（清陈仪著，吴邦庆图）、《畿辅水利辑览》（清吴邦庆辑）、《泽农要录》（清吴邦庆辑）、《畿辅水道管见》（清吴邦庆著）以及《畿辅水利私议》（清吴邦庆著）。

《畿辅河道水利丛书》所辑录之文献资料极为丰富，譬如《畿辅水利辑览》中辑有北宋何承矩（946—1006）、元朝虞集（1272—1348）、明朝袁黄（1533—1606）、汪应蛟（1550—1628）、董应举（1557—1639）、左光斗（1575—1625）、张慎合（生卒年不详）等人对畿辅水利的论述与主张，散见于各代奏章和诸家文集中，吴邦庆不惮烦劳，分别采集下来。其中袁黄，曾任宝坻县（今天津市宝坻区）知县，著有《宝坻劝农书》，然"觅其书不可得"，吴邦庆便从《宝坻县志》摘录有关田制、灌溉事项11条。此外，《畿辅河道水利丛书》虽系多种专著辑合，然其中半数篇幅是由吴邦庆执笔撰述，不乏创见。譬如治水方法，吴邦庆主张不拘泥于一法，如同"兵家不能执韬铃而求胜，医者不能泥古方以活人，要在融其意以善用耳"。不但为后世治水者提供参考，也为经济、历史、地理等方面提供集中的资料。

# 第五章 明清时期

《畿辅河道水利丛书》·道光四年（1824）刊本

## 运河专著

明清时期，京杭运河成为国家漕运之命脉，各种综合性运河专著也就随之应运而生。在这些专著中，谢肇淛（1567—1624）的《北河纪》，以内容充实、取材广泛、文笔简练而引人注目。

谢肇淛，字在杭，号武林，福建长乐人，其诗文中常自称己为东晋太傅谢安（320—385）之后。万历三十九年（1611），谢肇淛任工部都水司郎中,都治北河(京杭运河山东至天津段),《北河纪》为其任上所著。

《北河纪》卷首有北河全图、泉源图以及安平镇图,正文8卷,分别为"河程纪""河源纪""河工纪""河防纪""河臣纪""河政纪""河议纪"及"河灵纪"。"河程纪"记载北河所辖各驿站之起止与里程。第2卷至第8卷为《北河纪》的主要部分,除第7卷,各卷均由水文情况纪实和文献资料汇编两部分组成。"河源纪"为济运诸河,即汶水、泗水、沙水、薛河、御河以及漳河等河流的经行和自然状况。"河工纪"记述黄河、运河自汉迄明决溢、修堵史实,其中元明两朝以运河为主。文献部分汇集自明代宗景泰三年(1452)以来,国家发布的治河敕文,具有较高的史料价值。"河防纪"记述北河中的闸、坝、月河、月河闸等工程,以及元明两朝工程创建、修复的碑记,共计19篇,是研究运河工程技术及其发展的重要史料。"河臣纪"是记载运河组织管理的专篇,内容包括机构沿革、职官设置和各级官吏的任职时间,涉及上自中央、下至闸坝的各级机构及人员,条理清晰内容充实,是明代运河管理的原始资料。"河政纪"涉及运河各项管理制度,譬如河工夫役及工料征集、河防、漕河禁例等,其中运河沿岸林木管理与湖泊禁垦条例、南旺段运河大、小挑(挑河)期间运河放行的规章制度、运河各工种人员配置和职责等内容,为它书所不载或记载甚略。"河议纪"收录汉至明治河议论5篇。"河灵纪"对运河沿岸庙宇、祠堂的修建缘由,对修创、修复及祭祀等均有详细的记载,内容涉及工程修治、沿革诸方面。正文末附"北河纪余",介绍北河沿线风景名胜,收入明初以来歌咏山水的诗词歌赋。

顺治十年(1653),工部主事阎廷谟对《北河纪》略加改编,删掉"河臣纪"及少量其他管理方面的内容,并将明末清初的变化沿革加注在正文下,起名《北河续纪》。作者自序曰:"删其不宜于今而增其正

# 第五章 明清时期

《北河纪》·明刊本

行于今者。"实际上并没有任何创新，基本上照搬前书，史料价值不及前者。

## 水政宏书

《行水金鉴》由傅泽洪主编，郑元庆（1660—1734）纂辑，成书于雍正三年（1725），是中国第一部编年体的水利文献资料汇编。傅泽洪曾任淮扬道河官，"尝寒暑风雨于泥淖畚锸间二十余年"，深感治河维艰，于是"用是积数年心力，目眵（chī）手披，渔经猎史。远稽胜国之实录，近述世祖、圣祖两朝之训旨，参以众说，附之管窥，纂辑成书"，名曰《行水金鉴》。《行水金鉴》有卷首1卷，包括序、略例、总目以及黄、淮、汉、江、济、运等河流之图绘，正文175卷，包括河水（60卷），淮水（10卷），汉水、江水（10卷），济水（5卷），运河水（70卷），两河总说（8卷），官司（6卷），夫役（4卷），河道钱粮、堤河汇考（1卷），闸坝涵洞汇考、漕规、漕运（1卷）。《行水金鉴》所辑各种水利文献资料上起先秦，下迄康熙末年（1722），多达370余种，总计约120万字，为中国历代水利文献之集大成者，有"水政之完书"之称。

道光十一年（1831），《续行水金鉴》问世。《续行水金鉴》先后由黎世序（1772—1824）、潘锡恩（1785—1866）、张井（1776—1835年）等主编，俞正燮（1775—1840）、董士锡（1782—1831）、孙义钧（生卒年不详）等纂辑，又辑入自雍正元年（1723）至嘉庆二十五年（1820），其间的水利文献资料，并对《行水金鉴》，"未及备采者，依年月补叙于前，与前书相符"。《续行水金鉴》除序、略例外，有图1卷，包括河水、淮水、运河、永定河以及江水之图绘，正文共计156卷，包括河水（50卷），淮水（14卷），运河水（68卷）、永定河水（13卷）、江水（11卷），总计200余万字。相较《行水金鉴》，《续行水金鉴》在每条河流下又分"原委""章牍""工程"三部分，其中共收"章牍"121卷，占全书四分之三以上，保存了大量原始的水利工程技术档案。民国时期，郑肇经（1894—1989）、武同举（1871—1944）以及赵世暹（生卒年不详）等还曾再辑《再续行水金鉴》，叙述清朝道光至宣统（1820—1911）末水利史迹，现存世为长江、黄河、淮河部分。

明清时期的水利专著，其著述丰富，重视实践经验与辩证思维，善于解决实际问题。譬如《河防一览·河工告成疏》中言道：

# 第五章　明清时期

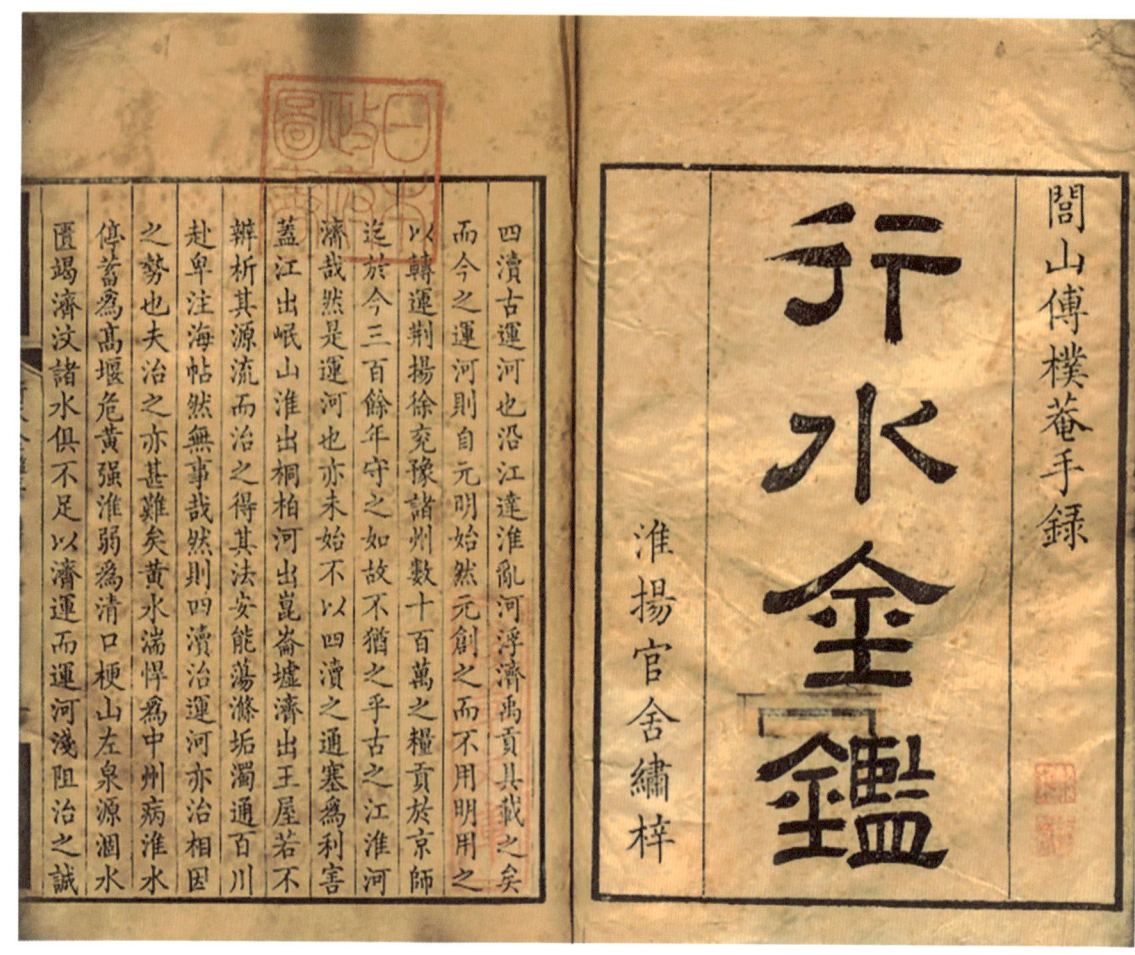

《行水金鉴》·雍正三年（1725）刻本

　　盖筑塞似为阻水，而不知力不专则沙不刷，阻之者乃所以疏之也。合流似为益水，而不知力不宏则沙不涤，益之者乃所以杀之也……借水攻沙，以水治水。

　　这就是潘季驯基于治河实践，所阐明的水势合与分，水沙冲与淤之间的辩证关系。这种辩证思维对现代科学的发展具有重要启迪作用。但

## 第五节 水利著作

也要看到，明清时期的水利专著多是资料汇编，其技术与管理水平一般也没有超越唐宋时期。究其原因在于：一是缺乏理论概括，类似战国时期《管子·度地》对水流运动规律和土壤特性的归纳，以及宋元时期《河防通议》对河流水势、水汛以及防洪工程规范之类的理论著作屈指可数。二是缺乏定量分析，譬如《河防一览》《治河方略》等著述，也多是局限于定性分析，只能描述大致趋势，未能应用当时已有较高水平的数学进行量化并进而上升到理论公式。三是缺乏科学试验，水利实践多停留在对现象的直接观察上，缺乏在理论层次方面的提炼。这些不足也是中国古代水利科学技术之弊。

# 中国古代水利史大事记

**先秦时期（公元前 221 年以前）**

公元前 23 世纪，中国出现陶排水管道。

公元前 21 世纪，大禹以疏导之法治理黄河取得成功。

公元前 10 世纪，中国出现人力汲取进水的工具——辘轳。

约公元前 7 世纪，《管子·度地》问世。

公元前 6 世纪，孙叔敖（约公元前 630—前 593 年）主持修建芍陂。

约公元前 5 世纪，《尚书·禹贡》问世。

约公元前 5 世纪，《山海经》问世。

约公元前 3 世纪，《周礼·职方氏》问世。

公元前 486 年，吴王夫差（公元前 495—前 473 年在位）在邗城（今扬州西北）之下开凿邗沟。

公元前 482 年，吴王夫差开凿荷水。

公元前 422 年，西门豹（生卒年不详）主持修建引漳灌邺工程。

公元前 361 年，魏惠王（公元前 370—前 319 年在位）开凿鸿沟。

公元前 279 年，白起（？—公元前 257 年）开凿白起渠，引水破鄢。

公元前 256 年，李冰（生卒年不详）父子主持修建都江堰，并发明水则。

公元前 246 年，水工郑国（生卒年不详）主持修建郑国渠。

**秦汉时期（公元前 221—220 年）**

公元前 132 年，水工徐白（生卒年不详）主持开凿漕渠竣工。

约公元前 100 年，司马迁（公元前 145 或前 135 年—？）著中国第一部水利通史《史记·河渠书》。

约公元前 2 世纪末，庄熊罴（生卒年不详）上书请建龙首渠。

公元前 111 年，儿宽（？—公元前 103 年）主持修建六辅渠。

公元前 95 年，白公（生卒年不详）奏请修建白渠。

公元前 34 年，召信臣（生卒年不详）建引水闸门。

约公元前 6 年；贾让（生卒年不详）提出治河三策。

公元 4 年，关并（生卒年不详）提出"水猥滞洪"思想。

公元 140 年，马臻（88—141）主持修建鉴湖工程。

公元 168 年，毕岚（？—189）发明翻车。

## 魏晋南北朝时期（220—589 年）

公元 250 年，刘靖（？—254）主持修建戾陵堰。

公元 516 年，梁武帝萧衍（502—549 年在位）建浮山堰，水淹寿阳。

公元 6 世纪初，郦道元（？—534）撰《水经注》。

## 隋唐五代时期（589—960 年）

公元 610 年，隋唐大运河凿成。

公元 670 年前，中国出现斗式水车。

公元 759 年，李泌（722—789）在其军事著作《太白阴经》中最早记载水准仪的形制和构造。

公元 829 年，日本醇和天皇（公元 823—833 年在位）下令仿制唐代水车。

公元 833 年，王元暐（生卒年不详）主持修建它山堰工程。

公元 842 年，刘禹锡（772—842）著《机汲记》记载筒车。

公元 893—978 年，五代吴越政权完善塘浦圩田系统。

公元 910 年，钱镠（852—932）在杭州候潮门外修筑竹笼石塘。

## 宋元时期（960—1368 年）

公元 1024 年，范仲淹（989—1052）主持修建捍海堰，人称"范公堤"。

公元 1026 年，陶鉴（生卒年不详）主持修建真州闸。

公元 1037 年，张夏（生卒年不详）首创石塘工程。

公元 1048 年，沈立（1007—1078）著成《河防通议》。

公元 1048 年，高超（生卒年不详）创三节沉埽法，巧合商胡龙门。

公元 1070 年，郑瓒（1038—1103）著成《吴门水利书》（已佚）。

公元 1071 年，沈括（1031—1095）治理汴河，首创"分层筑堰测量法"

公元 1079 年，北宋创建水源调蓄工程——水柜。

公元 1083 年，李宏（1042—1083）和冯智日（生卒年不详）主持建成木兰陂堰闸工程。

公元 1088 年，单锷（1031—1110）著成《吴中水利书》。

公元 1274 年，赛典赤·赡思丁（1211—1279）和张立道（？—1298）主持兴建松花坝。

公元 1292 年，京杭运河全线贯通。

公元 1313 年，《王祯农书》成书，其中记载农田灌溉的翻车、加工农产品的水轮以及冶铁鼓风的水排等都是当时世界上最先进的手工机械。

公元 1344 年，李好文（生卒年不详）编绘《长安志图·泾渠图说》。

公元 1351 年，贾鲁（1296—1353）发明石船拦水坝。

**明清时期（1368—1840 年）**

公元 1495 年，王琼（1459—1532）著成《漕河图志》。

公元 1537 年，汤绍恩（1499—1595）主持修建三江闸。

公元 1542 年，黄光升（1506—1586）首创鱼鳞大石塘，是中国古代海塘工程技术的集大成者。

公元 1561 年，归有光（1507—1571）著成《三吴水利录》。

公元 1573 年，万恭（1515—1591）著成《治水筌蹄》，首次提出"束水攻沙"的理论和方法。

公元 1590 年，潘季驯（1521—1595）著成《河防一览》，系统阐述"束水攻沙"的治黄理论。

公元 1612 年，徐光启（1562—1633）和熊三拔（Sabbatino de Ursis，1575—1620）合译《泰西水法》。

公元 1613 年，谢肇淛（1567—1624）著成《北河纪》。

康熙初年，黄宗羲（1610—1695）著成《今水经》。

公元 1704 年，张伯行（1652—1725）著成《居济一得》。

公元 1712 年，王全臣（生卒年不详）著成《大清渠录》。

公元 1720 年，觉罗满保（1673—1725）和朱轼（1665—1736）奏请修筑的老盐仓石塘全面竣工。

公元 1725 年，傅泽洪（生卒年不详）主编，郑元庆（1660—1734）纂辑的《行水金鉴》问世。

公元 1737 年，清代官修综合性农书《授时通考》编成。

公元 1743 年，嵇曾筠（1670—1739）主持修筑的海宁鱼鳞大石塘告成。

公元 1743 年，王来通（生卒年不详）著成《灌江备考》。

公元 1750 年，方观承（1698—1768）著成《敕修两浙海塘通志》。

公元 1761 年，齐召南（生卒年不详）著成《水道提纲》。

公元 1767 年，王太岳（1722—1785）著成《泾渠志》。

公元 1775 年，翟均廉（1736—1805）著成《海塘录》。

公元 1775 年，陆耀（生卒年不详）著成《山东运河备览》。

公元 1807 年，徐端（1754—1812）著成《回澜纪要》与《安澜纪要》。

公元 1821 年，徐松（1781—1848）著成《西域水道记》。

公元 1824 年，吴邦庆（?—1848）著成《畿辅河道水利丛书》。

公元 1836 年，麟庆（1791—1846）著成《河工器具图说》。

# 中国的世界灌溉工程遗产

2014年（第一批）入选名单：

四川乐山东风堰、浙江丽水通济堰、福建莆田木兰陂、湖南新化紫鹊界梯田。

2015年（第二批）入选名单：

诸暨桔槔井灌工程、寿县芍陂、宁波它山堰。

2016年（第三批）入选名单：

陕西泾阳郑国渠、江西吉安槎滩陂、浙江湖州太湖溇港。

2017年（第四批）入选名单：

宁夏引黄古灌区、陕西汉中三堰、福建黄鞠灌溉工程。

2018年（第五批）入选名单：

四川成都都江堰、广西兴安灵渠、浙江衢州姜席堰、湖北襄阳长渠（白起渠）。

2019年（第六批）入选名单：

内蒙古河套灌区、江西抚州千金陂。

2020年（第七批）入选名单：

福建福清天宝陂、陕西龙首渠引洛古灌区、浙江金华白沙溪三十六堰、广东佛山桑园围。

2021年（第八批）入选名单：

江苏里运河—高邮灌区、江西潦河灌区、西藏自治区萨迦古代蓄水灌溉系统。

2022年（第九批）入选名单：

四川通济堰、江苏兴化垛田、浙江松阳松古灌区、江西崇义上堡梯田。

# 参考文献

[1] 左丘明. 左传[M]. 郭丹，程小青，李彬源译注. 北京：中华书局，2012.

[2] 左丘明. 国语[M]. 陈桐生译注. 北京：中华书局，2018.

[3] 管仲. 管子[M]. 李山，轩新丽译注. 北京：中华书局，2019.

[4] 商鞅. 商君书[M]. 石磊译注. 北京：中华书局，2012.

[5] 吕不韦. 吕氏春秋[M]. 陆玖译注. 北京：中华书局，2011.

[6] 韩非. 韩非子[M]. 高华平，王齐洲，张三夕译注. 北京：中华书局，2018.

[7] 佚名. 尚书[M]. 王世舜，王翠叶译注. 北京：中华书局，2018.

[8] 司马迁. 史记[M]. 韩兆琦译注. 北京：中华书局，2010.

[9] 桓宽. 盐铁论[M]. 陈桐生译注, 北京：中华书局，2018.

[10] 班固. 汉书[M]. 上海：上海古籍出版社，2003.

[11] 周公. 周礼[M]. 徐正英，常佩雨译注. 北京：中华书局，2017.

[12] 王嘉. 拾遗记[M]. 王兴芬译注. 北京：中华书局，2019.

[13] 崔豹. 古今注[M].《钦定四库全书》本.

[14] 庄子. 庄子[M]. 方勇译注. 北京：中华书局，2018.

[15] 佚名. 山海经[M]. 方韬译注. 北京：中华书局，2011.

[16] 范晔. 后汉书[M]. 李贤，等，注. 北京：中华书局，1965.

[17] 萧统. 文选[M]. 上海：上海古籍出版社，2019.

[18] 郦道元. 水经注[M]. 上海：上海古籍出版社，1990.

[19] 房玄龄. 晋书[M]. 清乾隆时期武英殿刊本.

[20] 魏徵. 隋书[M].《钦定四库全书》本.

[21] 姚思廉. 陈书[M].《钦定四库全书》本.

[22] 李延寿. 北史[M].《钦定四库全书》本.

[23] 张九龄. 唐六典[M].《钦定四库全书》本.

# 参考文献

[24] 姬昌, 孔子. 周易[M]. 张善文译注. 北京: 中华书局, 2011.

[25] 李吉甫. 元和郡县志[M].《钦定四库全书》本.

[26] 杜佑. 通典[M]. 宋刊本.

[27] 张鹭. 朝野佥载[M].《钦定四库全书》本.

[28] 刘昫. 旧唐书[M].《钦定四库全书》本.

[29] 陈寿. 三国志[M]. 清乾隆时期武英殿刊本.

[30] 李昉. 太平御览[M].《钦定四库全书》本.

[31] 李昉. 文苑英华[M].《钦定四库全书》本.

[32] 欧阳修. 新唐书[M].《钦定四库全书》本.

[33] 王令. 广陵集[M].《钦定四库全书》本.

[34] 王钦若. 册府元龟[M].《钦定四库全书》本.

[35] 洪适. 隶释[M].《钦定四库全书》本.

[36] 王应麟. 玉海[M].《钦定四库全书》本.

[37] 王祯. 农书[M]. 明嘉靖九年山东布政司刊本.

[38] 沙克什. 河防通议[M].《钦定四库全书》本.

[39] 宋濂. 元史[M]. 明万历三十年刊本.

[40] 万恭. 治水筌蹄[M]. 朱更翎整编. 北京: 水利电力出版社, 1985.

[41] 潘季驯. 河防一览[M]. 明万历十九年刊本.

[42] 朱昱. 重修三原志[M]. 明正德年间刊本.

[43] 徐光启. 农政全书[M]. 明崇祯时期陈子龙平露堂刊本.

[44] 罗欣. 物原[M]. 明嘉靖二十四年刊本.

[45] 梁玉绳. 史记志疑[M]. 清乾隆年间刊本.

[46] 尹继善. 江南通志[M]. 清乾隆元年刊本.

[47] 夏尚忠. 芍陂纪事[M]. 清光绪年间刊本.

[48] 董学礼. 裕州志[M]. 清乾隆五年刊本.

[49] 金鉷. 广西通志[M]. 清雍正年间刊本.

[50] 靳辅. 靳文襄奏疏[M]. 清嘉庆年间刊本.

[51] 陆游. 剑南诗稿[M].《钦定四库全书》本.

[52] 董诰. 钦定全唐文. 清嘉庆十九年刊本

[53] 王安石. 临川文集[M]. 明嘉靖三十九年刊本.

[54] 苏轼. 东坡全集[M]. 明刊本.

[55] 李焘. 续资治通鉴长编[M].《钦定四库全书》本.

[56] 张廷玉. 明史[M]. 清乾隆四年刊本.

[57] 齐彦槐. 梅麓诗钞[M]. 清道光年间刊本.

[58] 令狐德棻. 周书[M].《钦定四库全书》本.

[59] 赵尔巽. 清史稿[M]. 北京：中华书局，1977.

[60] 麟庆. 河工器具图说[M]. 清道光十六年云荫堂刊本.

[61] 魏岘. 四明它山水利备览[M]. 明崇祯十四年刊本.

[62] 罗濬. 宝庆四明志[M]. 清刊本.

[63] 翟均廉. 海塘录[M]. 清刊本.

[64] 傅泽洪. 行水金鉴[M]. 清雍正三年刊本.

[65] 和珅. 大清一统志[M]. 清道光九年刊本.

[66] 潜说友. 咸淳临安志[M]. 清同治六年刊本.

[67] 杨万里. 诚斋集[M]. 明刊本.

[68] 单锷. 吴中水利书[M]. 清光绪年间刊本.

[69] 胡宿. 文恭集[M]. 清乾隆年间刊本.

[70] 司马光. 资治通鉴[M]. 明万历时期张一桂吴勉学校正刊本.

[71] 司马光. 涑水记闻[M]. 明刊本.

[72] 王希旦. 大禹九鼎图述[M]. 明崇祯年间刊本.

[73] 刘鹗. 治河五说[M]. 清光绪年间刊本.

[74] 宋敏求. 长安志[M]. 明嘉靖十年李氏刻本.

[75] 陈池养. 莆田水利志[M]. 清光绪二年刊本.

[76] 麟庆. 鸿雪因缘图记[M]. 清道光二十九年刊本.

[77] 方观承. 敕修两浙海塘通志[M]. 清乾隆十六年刊本.

[78] 吴其濬. 植物名实图考[M]. 北京：中华书局，2018.

[79] 王心敬. 丰川续集[M]. 清乾隆十五年刊本.

[80] 郑大进. 正定府志[M]. 清乾隆二十七年刊本.

[81] 顾炎武. 天下郡国利病书[M]. 清钞本.

[82] 汤毓倬. 偃师县志[M]. 清乾隆五十四年刊本.

[83] 郭云陞. 救荒简易书[M]. 清刊本.

# 参考文献

［84］方勺. 泊宅编［M］. 明刊本.

［85］周魁一. 中国科学技术史·水利卷［M］. 北京：科学出版社，2019.

［86］董恺忱，范楚玉. 中国科学技术史·农学卷［M］. 北京：科学出版社，2019.

［87］杜石然，范楚玉，陈美东，金秋鹏，周世德，曹婉如. 中国科学技术史稿［M］. 北京：北京大学出版社，2019.

［88］郑肇经. 中国水利史［M］. 上海：上海书店，1984.

［89］席泽宗. 科学编年史［M］. 上海：上海科技教育出版社，2012.

［90］陆敬严. 中国古代机械复原研究［M］. 上海：上海科学技术出版社，2019.

［91］冯立昇，关晓武，张治中. 中国手工艺·工具器械［M］. 郑州：大象出版社，2016.

［92］邵龙，王思明，巩新龙. 世界技术编年史（农业建筑水力）［M］. 山东：山东教育出版社，2020.

［93］华觉明，冯立昇. 中国三十大发明［M］. 郑州：大象出版社，2017.

［94］郭涛. 中国古代水利科学技术史［M］. 北京：中国建筑工业出版社，2013.

［95］《中国河湖大典》编纂委员会. 中国河湖大典［M］. 北京：中国水利水电出版社，2014.

［96］梁永勉. 中国农业科学技术史稿［M］. 北京：中国农业出版社，1989.

［97］张芳. 明清农田水利研究［M］. 北京：中国农业科技出版社，1998.

［98］张伟兵，耿庆斋. 大运河［M］. 北京：中国水利水电出版社，2021.

［99］李云鹏，周波. 中国的世界灌溉工程遗产［M］. 北京：中国水利水电出版社，2022.

［100］范颖. 论大禹治水及其影响［D］. 武汉：武汉大学，2005.

［101］高新满，杨燕. 何承天的宇宙自然观——何承天哲学思想探微［J］. 工会论坛（山东省工会管理干部学院学报），2012，18（02）：147-149.

［102］唐启翠. 从斧始初开到禹赐玄圭、青圭礼东方［J］. 中原文化研究，2020，8（01）：38-46.

［103］王克林. 略论我国沟洫的起源和用途［J］. 农业考古，1983（02）：65-69.

［104］吴长城，秦华杰，郭凤平. "孙叔敖决期思之水而灌雩娄之野"刍议［J］. 农业考古，2009（04）：202-205，211.

［105］徐中原. 《水经注》研究［D］. 苏州大学，2009.

［106］张武，付德阳，范朝辉. 我国古代农田水利灌溉［J］. 东北水利水电，2004（12）：54.

[107] 郑肇经. 关于芍陂创始问题的探讨[J]. 中国农史, 1982（02）: 10–14.

[108] 周魁一. 春秋战国时期的农田水利技术[J]. 武汉水利电力学院学报, 1978（01）: 83–88.

[109] 周昕. "渴乌"是什么[J]. 农业考古, 2007（04）: 143–145.

[110] 钮仲勋. 芍陂水利的历史研究[J]. 史学月刊, 1965（04）: 34–38.

[111] 郭恒茂. 战国至东魏时期漳水十二渠的发展演变[J]. 中国防汛抗旱, 2018, 28（11）: 77–80.

[112] 徐日辉. 褚续"西门豹治邺"史实的真伪——读《史记·滑稽列传》札记[J]. 河北师范大学学报（社会科学版）, 1986（03）: 103–105.

[113] 李钊, 彭邦本, 龚珍. 秦蜀守李冰考——兼谈历史名人文化价值的当代转换[J]. 西华大学学报（哲学社会科学版）, 2022, 41（01）: 52–62.

[114] 赵毅. 也谈都江堰的名称[J]. 中国科技史料, 1992（03）: 70.

[115] 曹玲玲. 作为水利遗产的都江堰研究[D]. 南京大学, 2013.

[116] 张晓红, 王学军, 蔡建国. 贾让"治河三策"——水利决策史上的杰出代表[J]. 科技进步与对策, 2000（06）: 155–156.

[117] 张伟兵, 徐欢. 试评贾让三策在治黄史上的历史地位[J]. 人民黄河, 2000（03）: 43–44.

[118] 卞吉. 王景治河千载无患[J]. 中国减灾, 2008（08）: 46–47.

[119] 方宗岱. 对东汉王景治河的几点看法[J]. 人民黄河, 1982（02）: 62–67.

[120] 陈明光. 唐人姜师度水利业绩述略[J]. 中国农史, 1989（04）: 59–61.

[121] 李令福. 论秦郑国渠的引水方式[J]. 中国历史地理论丛, 2001（02）: 10–18, 123.

[122] 陈隆文. 邗沟、菏水与鸿沟——兼论黄河与长江两大流域水运的沟通[J]. 淮阴工学院学报, 2012, 21（04）: 1–4.

[123] 王明德. 中国古代运河发展的几个阶段[J]. 历史教学问题, 2008（01）: 57–60.

[124] 赵天改.《史记》有关龙首渠的记载得到确证[J]. 中国历史地理论丛, 1999（02）: 144.

[125] 吕卓民. 秦汉关中郑国渠与白渠存在问题之研究[J]. 西北大学学报（自然科学版）, 1995（05）: 457–460.

[126] 刘举. 汉武帝兴水利与西汉王朝兴衰的关系[D]. 东北师范大学, 2006.

[127] 黄震. 水与中国法律起源[J]. 中国三峡, 2012（02）: 5–11.

## 参考文献

[128] 武汉水利电力学院《中国水利发展史》编写组.《管子·度地篇》是我国现存最早的水利技术理论著作[J]. 武汉水利电力学院学报, 1975 (02): 90–95.

[129] 崔建利, 王欣妮. 运河功臣郭守敬[J]. 兰台世界, 2014 (36).

[130] 王永宽. 元代贾鲁治河的历史功绩[J]. 黄河科技大学学报, 2008 (05): 50–52.

[131] 马红丽. 靳辅治河研究[D]. 广西师范大学, 2007.

[132] 宋德宣. 陈潢治河简论[J]. 杭州师院学报（社会科学版）, 1986 (02): 76–82.

[133] 陈健. 清代治河名臣靳辅[J]. 沧桑, 2013 (04): 18–21.

[134] 徐海亮. 南阳陂塘水利的衰败[J]. 农业考古, 1987 (02): 238–242.

[135] 周宝瑞. 汉代南阳水利建设[J]. 南都学坛, 2000 (04): 11–12.

[136] 郭建华, 杨凤瑞.《梦溪笔谈》中的农田水利条目内涵探析[J]. 文化创新比较研究, 2020, 4 (27): 127–129.

[137] 秦松龄. 贾鲁治河与元末农民起义[J]. 晋阳学刊, 1983 (03): 71–77.

[138] 韩榕桑. 唐《水部式》（敦煌残卷）[J]. 中国水利, 1993 (07): 7–9.

[139] 赖俊. 敦煌文书《水部式》残卷相关问题研究[D]. 陕西师范大学, 2016.

[140] 李鸿宾.《水部式》与唐朝的水利管理[J]. 中国水利, 1992 (03): 35–36.

[141] 邵金凯. 隋炀帝开凿大运河述论[J]. 淮阴师范学院学报（哲学社会科学版）, 2008 (04).

[142] 刘昊, 胡尊让.《农政全书》的水利建设思想[J]. 西北农业大学学报, 1998 (04).

[143] 尹北直. 农为政本, 水为农本——《农政全书·水利卷》与科技实学[J]. 中国农业大学学报（社会科学版）, 2009, 26 (01): 198–200.

[144] 王元元.《朝野佥载》的史料价值研究[D]. 复旦大学, 2009.

[145] 惠富平, 何彦超. 中国古代稀见农田水利志——《木兰陂集》考述[J]. 西北农林科技大学学报（社会科学版）, 2015, 15 (03).

[146] 缪启愉. 王祯的为人、政绩和《王祯农书》[J]. 农业考古, 1990 (02).

[147] 方立松. 中国传统水车研究[D]. 南京农业大学, 2010.

[148] 王化雨. 政争影响下的北宋黄河治理——以元祐回河之争为例[J]. 宋史研究论丛, 2019 (02).

[149] 徐慧娟. 浅析潘季驯《河防一览》[D]. 郑州大学, 2015.

[150] 贾倩. 南宋四明地区水利开发研究[D]. 云南大学, 2019.

[151] 薛从军. 北宋沈立生卒年、行事和著述考及评价[J]. 巢湖学院学报, 2016, 18

（04）：7-13.

［152］刘忠义，池生瑞. 我国古代水汛观测［J］. 陕西水利，1995（02）：40-41.

［153］陈伟，倪舒娴，袁淼. 钱塘江海塘建设的历史沿革［J］. 浙江建筑，2018，35（09）.

［154］凌申. 历史时期江苏古海塘的修筑及演变［J］. 中国历史地理论丛，2002（04）：45-46.

［155］嵇超. 范公堤的兴筑及其作用［J］. 复旦学报（社会科学版），1980（S1）

［156］凌申. 范公堤考略［J］. 盐城师范学院学报（人文社会科学版），2001（03）：133-137.

［157］郑肇经，查一民. 江浙潮灾与海塘结构技术的演变［J］. 农业考古，1984（02）：156-171.

［158］童庆钧.《木龙书》研究［D］. 清华大学，2005.

［159］沈阿四. 北宋张夏所筑杭州石塘考证［J］. 浙江水利科技，2000（04）：68-70.

［160］缪启愉. 太湖地区塘浦圩田的形成和发展［J］. 中国农史，1982（01）：12-32.

［161］郭凯. 太湖流域塘浦圩田系统的形成及其影响研究［C］//. Proceedings of the 7th International Conference of the East-Asian Agriculture History.［出版者不详］，2007：417-428.

［162］姜雪琳. 以圩田开垦为主体的太湖流域农业景观研究［D］. 北京林业大学，2019.

［163］祁红伟. 论北宋郏亶的治水思想［J］. 农业考古，2020（01）：110-115.

［164］祁红伟. 北宋单锷的治水思想及评价［J］. 农业考古，2021（06）：154-160.

［165］周京平，陈正洪. 中国古代天文气象风向仪器：相风鸟——起源、文化历史及哲学思想探析［J］. 气象科技进展，2012，2（06）：55-59.

［166］刘国平，宫佳. 浅析先秦时期传统哲学与农田水利开发的互动关系［J］. 南京农业大学学报（社会科学版），2007（03）：85-88，84.

［167］陈慕. 邗沟是我国最早的古运河［J］. 中州今古，2002（04）：14.

［168］王质彬. 北宋引黄放淤的历史经验［J］. 人民黄河，1982（06）：58-61.

［169］王静. 晚明儒学与科学的互动［D］. 山东大学，2018.

［170］姜师立. 沈括与北宋大运河［J］. 档案与建设，2022（01）：86-87.

［171］彭鹏程. 灵渠：现存世界上最完整的古代水利工程［J］. 中国文化遗产，2008（05）：55-59.

［172］张义丰，高溪泉，慧慕. 大运河的通塞与唐王朝的兴衰［J］. 齐齐哈尔师范学院

# 参考文献

学报（哲学社会科学版），1986（01）.

［173］吴海涛. 北宋时期汴河的历史作用及其治理［J］. 安徽大学学报，2003（03）：101–105.

［174］李德楠. 元代漕运方式选择中的环境与技术影响［J］. 运河学研究，2018（02）：49–60.

［175］路征远. 元代大运河的修治及其漕运［D］. 内蒙古大学，2004.

［176］吴小伦. 河流变迁与城市兴衰：基于开封的个案考察［J］. 黄河科技大学学报，2013，15（06）：.

［177］卢勇，刘启振. 明初大运河南旺分水枢纽水工技术考［J］. 安徽史学，2015（02）：56–60.

［178］马同军. 明代"避黄行运"思想及其实践［J］. 兰台世界，2011（14）.

［179］苏云梦，石云里. 龙尾车提水效能研究——兼论明清时期欧洲龙尾车缘何未能取代中国龙骨车［J］. 中国农史，2017，36（02）：125–134.

［180］张柏春. 明末《泰西水法》所介绍的三种西方提水机械［J］. 农业考古，1995（03）：146–153.

［181］温晓敏，段海龙. 中国古代对活塞装置的利用与认识［J］. 山西大同大学学报（自然科学版），2020，36（04）：110–116.

［182］熊丽丽. 耶稣会士熊三拔及其中文著述研究［D］. 暨南大学，2015.

［183］张芸. 中西文化交流的先驱徐光启［J］. 兰台世界，2010（13）.

［184］曹增友. 收入《四库全书》的外国人著作——熊三拔的《泰西水法》［J］. 百科知识，1997（12）：55–56.

［185］张芳. 中国古代的井灌［J］. 中国农史，1989（03）：73–82.

［186］李金. 《水经注》历代版本流传情况探究［J］. 开封大学学报，2019，33（01）：37–39.

［187］吴卫. 渴乌是虹吸管吗——小析古代引水器具渴乌［J］. 中国农业大学学报（社会科学版），2004（01）.

［188］赵其昌. 《析津志》所记元大都唐斗式机轮水车［J］. 文物，1984（10）：90–92.

［189］河姆渡遗址第一期发掘报告［J］. 考古学报，1978，No.（01）：39–94，140–155.

［190］陈树平. 明清时期的井灌［J］. 中国社会经济史研究，1983（04）.

［191］梁四宝，韩芸. 凿井以灌：明清山西农田水利的新发展［J］. 中国经济史研究，

2006（04）.

［192］刘立荣. 再评崔纪在关中兴井灌之实效［J］. 西北大学学报（哲学社会科学版），2014，44（03）.

［193］谭徐明.《北河纪》及《北河续纪》［J］. 中国水利，1987（02）：40.

［194］王永厚. 吴邦庆与《畿辅河道水利丛书》［J］. 古今农业，1993（03）：40-42.

［195］王瑜，孙红民. 引泾水文化的内涵及其当代意义［J］. 陕西水利，2010，No. 163（02）：17-19.

［196］赵鸿君. 引泾灌溉工程科技与管理价值初探［J］. 陕西水利，2022.

［197］杨立业. 唐代郑白渠渠首及渠系工程考证［J］. 水资源与水工程学报，1990（04）：36-41.